广西北部湾河口海岸研究

黎树式　编著

科学出版社

北京

内 容 简 介

河口海岸区域是海洋与陆地之间的过渡地带，占地球表面积的15%~20%，是发展向海经济的关键区域。北部湾河口海岸是广西向海经济发展的前沿阵地，认识和掌握北部湾河口海岸的自然、经济社会特征和变化规律意义重大。本书论述了河口海岸学的研究价值、发展进程和研究内涵，梳理和总结了河口及海岸分类，介绍了北部湾河口海岸的自然、经济社会和生物多样性概况。同时，重点分析了广西北部湾主要河口和海岸类型，阐述广西北部湾河口海岸的脆弱性，提出广西北部湾河口海岸一体化管理对策。这是我国第一本比较系统地阐述广西北部湾河口海岸问题的著作，是对河口海岸学和我国陆海相互作用研究的一项有意义的贡献。

本书在总结和凝练理论成果的同时，提供了诸多研究案例，可供海洋、水文、资源、环境等相关部门的政府人员、所涉研究领域的科研人员及高校师生参考。

图书在版编目（CIP）数据

广西北部湾河口海岸研究/黎树式编著. —北京：科学出版社，2023.1
ISBN 978-7-03-073696-3

Ⅰ. ①广… Ⅱ. ①黎… Ⅲ. ①北部湾–河口–研究–广西②北部湾–海岸–研究–广西 Ⅳ. ①P343.5 ②P737

中国版本图书馆 CIP 数据核字（2022）第 206365 号

责任编辑：王 运／责任校对：何艳萍
责任印制：赵 博／封面设计：图阅盛世

科学出版社 出版
北京东黄城根北街 16 号
邮政编码：100717
http://www.sciencep.com
北京建宏印刷有限公司印刷
科学出版社发行 各地新华书店经销

*

2023 年 1 月第 一 版 开本：720×1000 1/16
2024 年 4 月第二次印刷 印张：7 1/4
字数：150 000
定价：118.00 元
（如有印装质量问题，我社负责调换）

前　言

海岸带是海洋与陆地交互的过渡地带，河口作为海岸带的重要组成部分，是河流向海洋输送物质的必由通道。河口海岸地区交通便利、人口密集、土地利用密度高、经济社会发展程度高。然而，海岸带又面临海平面上升、洪涝、台风和富营养化等灾害的挑战。因此，海岸长期受到众多国家、社会组织和社会的关注，并成为"未来地球海岸"（Future Earth Coasts）计划的研究焦点。

党的十八大报告首次完整提出了海洋强国战略。2017年4月，习近平总书记在广西北海市考察时指出，"要建设好北部湾港口，打造好向海经济"。河口海岸区域是海洋与陆地之间的过渡地带，占地球表面积的15%~20%，是发展向海经济的关键区域。随着经济社会的快速发展，目前河口海岸区域的资源、环境、生态、人地关系面临巨大压力。解决这些问题，对河口海岸的科学研究、教育和宣传等工作显得尤为重要。广西优势在海，希望在海，潜力在海。广西北部湾河口海岸是广西向海经济发展的前沿阵地，认识和掌握北部湾河口海岸生态经济发展特征和变化规律意义重大。本书论述了河口海岸学的研究价值、发展进程和研究内涵，梳理并总结了河口及海岸分类，介绍了广西北部湾河口海岸的自然、经济社会和生物多样性概况。同时，重点分析了广西北部湾主要河口和海岸类型，阐述广西北部湾河口海岸的脆弱性，提出广西北部湾河口海岸一体化管理对策。

本书的撰写得到北部湾大学河口海岸团队师生的大力支持。华东师范大学戴志军教授、北部湾大学黄鹄教授、中山大学龚文平教授和李雁教授给本书提了很多宝贵意见和建议。广西红树林研究中心黎广钊教授、北部湾大学海洋学院关杰耀研究员和吴海萍教授、北部湾大学资源与环境学院王日明副教授和梁喜幸博士等为本书提供了宝贵的资料。杨夏玲、张华玉、许珊珊、潘洁、虞崇熙、高宇成、朱文轩、冯炳斌、吕明娇、黄琪荟、江宏裕、钟军、李海菲、曾静、王钰婷、吴秋丽、潘先领、许世精、黄建崇、梁瑞玲、张娜、梁志勇、陈光晓和杨玉婷等参与了资料的收集和整理工作。本书引用和借鉴了大量学者的研究成果，但由于时间仓促，难免有疏漏之处，如有问题，请与作者联系。

本书得到广西自然科学基金重点基金项目"南流江响应热带气旋作用的入海水沙变化机制研究"（2018JJD150005）、广西科技计划项目"响应入海水沙通量变化的南流江三角洲演变过程研究"（桂科 AD19245158）、国家自然科学基金项目"南流江入海水沙通量响应热带气旋作用的变化过程"（41866001）、广西重点研发计划项目"北部湾河口滩涂资源可持续高效利用与受损预警研究"（桂科AB21076016）、北部湾大学海洋科学广西一流学科（DRB006、DTC003）和广西高校人文社会科学重点研究基地——北部湾海洋发展研究中心项目的资助。

目　　录

第1章 绪 论

本章主要论述河口海岸的研究价值，梳理河口海岸学的发展进程，阐述河口海岸学的研究内容，为本研究提供理论基础。

1.1 河口海岸研究价值

河口海岸研究是"未来地球海岸"（Future Earth Coasts）计划和陆海相互作用研究的重要内容，是海洋科学和海洋工程技术研究的重要组成部分。以河口海岸研究为基础形成的河口海岸学是海洋科学中不可或缺的部分，是海洋科学体系中的重要组成部分，对深化基础研究和促进学科交叉融合有重要作用。因此，河口海岸研究对学科发展和科学研究都具有重要的理论意义和科学价值。

河口海岸学是一门实践性强的交叉学科。河口海岸学的主要研究区域——河口海岸是经济发达、人口集居之地，世界60%的人口和2/3的大中城市集中在该区域。同时，河口是流域和海洋的枢纽，既是流域物质的归宿，又是海洋的开始。海岸是陆地和海洋的纽带，河口海岸是陆海相互作用的集中地带，物理、化学、生物和地质等各种过程耦合多变，演变机制复杂，生态环境敏感脆弱。随着经济社会的高速发展，伴随而来的环境恶化、资源破坏和灾害频发，对人类生存环境安全和生存质量构成严峻的挑战。鉴于此，河口海岸的保护、开发和利用是当前世界沿海国家的公众和科学家十分关注的热点问题，而以上这些就是河口海岸研究要解决的主要问题。因此，河口海岸研究在增进人民福祉、促进国民经济和社会发展等方面意义重大，具有重要实践意义和应用价值（Kenneth，2000；LOICZ International Project Office，1999；陈吉余，2000）。

1.2 河口海岸学发展进程

在海洋经济迅猛发展、向海产业发展势头的驱动下，河口海岸区域的资源、环境、生态压力不断增大，人地关系日益紧张。海岸侵蚀、海洋污染、台风、海啸等灾害频发，水产养殖及海洋捕捞过度发展、近海区域旅游开发不当等，不断地向人们发出警示，河口海岸资源环境正在恶化，面临前所未有的挑战。在此背景下，为了深入研究河口海岸地区资源与环境、人地关系及河口海岸演变特征与驱动机制，河口海岸学应运而生，并在创新实践中不断发展，成为现代河口海岸发展乃至海洋科学不可或缺的重要学科体系。

在国外，河口海岸的研究最早可追溯到公元前 5 世纪的古希腊相关文献。18 世纪末期，出现了关于三角洲的系统论述。20 世纪 30 年代，拉塞尔（Russell）发表了名为《密西西比三角洲》的重要著作，该书对密西西比河三角洲展开了系统的探讨。50 年代初期，萨莫伊洛夫（Samoilov）著有世界上第一本综合性的有系统理论的河口专著——《河口》。与此同时，施托梅尔（Stommel）和普里查德（Pritchard）等在河口的盐水和淡水的混合、河口潮汐动力学等方面的研究取得突破性进展，由此开启了河口动力学研究的大门。60 年代，河口海岸学蓬勃发展，涉及河口海岸的书籍数量明显增多，代表作有伊彭（Ippen）主编的《海岸河口动力学》和劳夫（Ralph）主编的《河口学》；70 年代，河口海岸学开始与其他学科融合，主要著作有戴尔（Dale）在 1973 年著的《河口学物理导论》和奥菲瑟（Officer）在 1976 年著的《河口及毗邻海域的物理海洋学》等（王红亚和吕明辉，2006）。

随着人类经济社会的发展及对海岸带地区开发利用强度的提升，河口海岸学研究趋于成熟，研究深度及广度不断加大和提升。1972 年，联合国教科文组织（UNESCO）和国际地质科学联合会（IUGS）共同发起了国际地球科学计划（IGCP），并于 1974 年正式实施，该计划将人类第四纪以来的海岸带演变过程作为重点关注目标。1988 年，国际科学理事会（ICSU）第 22 届大会上正式提出了国际地圈-生物圈计划（IGBP），并于 1990 年开始进入执行阶段。该计划包含了若干个核心子计划，其中海岸带陆海相互作用计划（LOICZ）主要研究土地利用、海平面变化和气候变化对海岸带生态系统的影响及其严重后果。1995～2005 年研究期间，实施了研究海陆结合地带动力相互作用特征与地球系统各部分的变化对海岸带的影响、评价海岸带受人类影响而发生变化等的国际海洋研究计划。

2014 年，由国际科学理事会和国际社会科学理事会（ISSC）发起，联合国教科文组织、联合国环境署（UNEP）等组织共同牵头组建的为期十年的大型科学计划——"未来地球"（Future Earth）计划（2014～2023），旨在为应对全球环境变化给各区域、国家和社会带来的挑战，加强自然科学与社会科学的沟通与合作，为全球可持续发展提供必要的理论知识、研究手段和方法。该计划将未来地球海岸列为 19 个重点研究项目之一，旨在通过将自然科学和社会科学与全球、区域和地方规模的沿海社区知识联系起来，支持对海岸带和全球变化的适应。更确切地说，"未来地球海岸"（Future Earth Coasts）计划是一个国际研究项目和全球专家网络，致力于探索全球环境变化在沿海地区的驱动力和社会环境影响。

我国河口的研究可追溯到 1600 年前，中国东晋葛洪在《抱朴子》一书中，提到钱塘江河口水流是一种"其底势不泄"的往复波动现象。此外，古代地方志之类的记载河口的文献极其丰富。公元 1 世纪，东汉的王充比较科学地解释了钱塘江涌潮的成因。河口海岸管理方面的文字记载始于公元 3 世纪。1950 年以来，围绕河口的开发和治理，对长江、黄河、珠江、钱塘江等大河的河口，开展了系统的观测、调查和研究，并进行了不同规模的治理。理论的发展、测量技术及仪器设备的改进、遥感等检测手段的丰富、水工模型和数学模型的广泛应用，极大地促进了河口研究的进步。新中国成立以来，在理论上，关于现代海岸的形成、淤泥质海岸的塑造、河口过程的演进等都有所创造，在生产实践上，为港口建设、农业围垦、保滩护岸以及国防建设做出一定的贡献。丰硕的研究成果填补了这门学科的空白，也为进一步开发海岸带丰富的资源创造了条件。

著名的地质学家李四光在运用地质力学研究我国及东亚大地构造时，就曾阐明了新华夏构造体系与我国海岸格局和海岸轮廓的关系。第四纪气候变化所导致的海平面升降和海岸线变迁也是海岸历史过程研究中的重要理论课题。对于第四纪海平面升降及其在海岸地貌上的反映，南京大学、华东师范大学曾作过系统阐述。随着海岸研究的深入开展，应用微体古生物分析和测年等手段结合沉积相的综合分析来研究海陆变迁，已成为海岸研究的一个重要方向，并已取得部分成果，这将为我国海岸发育的历史过程研究提供可靠的依据。此外，浅地层剖面仪、旁侧声呐和遥感等现代技术在海岸带调查中的应用，也开辟了我国海岸研究的新领域。综上所述，经过我国海岸工作者的共同努力，我国海岸历史过程已经得到比较系统和全面的认识（陈吉余，2007）。

我国河口海岸学的形成与发展都与陈吉余院士密切相关。1941 年他进入浙江大学史地系学习地理学，主修地形学（地貌学），1955 年，他带领有关师生完成《长江三角洲江口段的地形发育》一文。中国科学院 1965 年成立中国河口研究小组，1957 年 3 月中国科学院和华东水利学院（现为河海大学）共同举办"中国河口学"报告会，会上陈吉余院士作了关于中国河口研究特征的报告。这个会议后，华东师范大学决定成立河口研究室，1959 年扩展为河口海岸研究室。从 1957 年至 1959 年，中国现代河口和海岸研究相继开展，研究河口海岸的单位不断涌现，除华东师范大学外，北京大学、南京大学、中山大学、杭州大学、华东水利学院、南京水利科学研究所等相继开展了研究。近几十年来，中国河口海岸研究坚持高校、科学研究单位与产业部门相结合，地貌、沉积与动力相结合，基础科学与应用科学相结合，地学与工程科学相结合的原则，取得了丰硕成果，解决了一系列生产建设中的重大问题，在社会经济发展中起了重要作用。华东师范大学河口海岸研究所也成为国家培养专业高级人才的一个基地，1989 年被确定为国家级重点实验室——河口海岸动力沉积和动力地貌综合国家重点实验室，后更名为河口海岸学国家重点实验室（陈吉余，2007）。

河口海岸学国家重点实验室主要从事河口海岸的应用基础研究，目前研究方向主要有：河口演变规律与河口沉积动力学；海岸动力地貌与动力沉积过程；河口海岸生态与环境。实验室总体定位为：围绕我国沿海经济带，特别是三大河口三角洲地区发展对河口海岸研究的迫切需求，结合我国河口海岸的区域特色，瞄准河口海岸学科国际发展前沿，发挥实验室多学科交叉渗透和综合分析优势，利用高新技术手段，深入研究河口海岸地区的物理过程、化学过程、生物过程、地质过程以及这些过程间的相互作用和全球变化与人类活动对这些过程的影响，丰富和发展具有我国特色的河口海岸学科理论体系，同时为我国沿海地区资源开发、重大工程建设、环境保护及社会经济的可持续发展服务。实验室在国际上的地位和影响也在不断提升，系列研究成果得到国际同行的认可，提出的动力、沉积、地貌综合分析与生物、化学过程相结合和宏观把握、微观量化的学术思想，以及解决实际问题的能力得到国际同行的赞赏。

1.3　河口海岸学研究内涵

河口海岸学属于海洋科学（中图分类号 170.60）一级学科下面的二级学科（中图分类号 170.6040），是以河口海岸为特色的与海洋科学、河口学、地理学、水利学、生态学和环境科学等学科交叉融合的综合学科。其科学内容是运用现代科学技术手段揭示河口过程和海岸变化规律，具体研究内涵包括河口海岸格局、河口海岸过程、河口海岸尺度和河口海岸人地耦合等四个方面。河口海岸格局指的是河口海岸各要素的大小、形状、数量、类型和分布等，主要通过调查与监测获取。河口海岸过程分为自然过程和社会文化过程，自然过程包括地质过程（如海岸侵蚀、河口三角洲演变等）、物理过程（如河口动力、沉积与地貌过程等）、生物过程（如蓝碳变化和生物多样性变化等）和化学过程（河流物质通量变化和海湾环境变化等）等；社会文化过程涉及河口海岸人口变迁、经济发展、社会进步、文化传播和交通变迁等。尺度特征是地理现象和过程在时间和空间上的表征，是其本身固有的属性。研究尺度问题可以深刻认识地理现象和过程的时空特性。河口海岸尺度包括时间尺度和空间尺度，它们一般又有小、中、大尺度之分。在全球变化和日益剧烈的人类活动干扰背景下，坚持陆海统筹理念，通过不同时空尺度对河口海岸格局和过程的模拟与监测，最终要达到河口海岸人地耦合发展的主要目标（图1-1）。

近几十年来，河口海岸研究逐渐为人们所熟知，国内以华东师范大学河口海岸学国家重点实验室为典范，引领了一轮又一轮的河口海岸探究热潮，使得河口

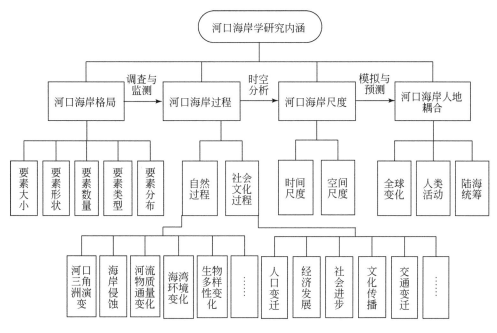

图 1-1 河口海岸学研究内涵

海岸学科在众多的学科体系中充分展现其优势及独特性。该实验室围绕全球大江大河及典型海岸，开展"动力–沉积–地貌"、河口环境与生态、近岸资源与环境、海岸工程、人工岛礁岸线安全与工程防护技术等方面研究，与生物过程、地球化学过程、动力地貌演变等进行多学科交叉，针对河口海岸的独特性，建立河口海岸学多过程多学科交叉的有机研究体系，扩展"流域–河口–陆架–岛礁"体系研究。

第 2 章　河口及海岸分类

长达 1629km 的广西北部湾海岸线，发育着各具特色的河口与海岸。本章将介绍北部湾河口和海岸的特点，并对其进行分类。

2.1　河口定义及分类

2.1.1　河口定义

字典及百科全书或不同专业领域对"河口"都有不同的解释，但都难免有缺陷存在。实际上，"河口"从词源看，起源于拉丁语"Aestus"，即"潮汐的"，或者说"河口"，可以适合任何有潮汐影响的海岸。从系统论的观点来看，河口是一种系统，定义河口时，应当包含有地貌、水文、地质、生物、物理等表征河口特征的标准。目前的河口定义均没有把这些标准包括在内。戴志军等（2000）从物理、自然地理、生物、化学等不同领域阐述了河口定义。

Rivermouth 和 Estuary 两个英语单词在汉语中一般都译为"河口"，也有学者把后者译为河口湾。萨莫依洛夫和普里查德从各自不同的角度对河口提出了不同的概念。萨莫依洛夫认为，"河口是指河流与受水体的结合地段"，这个含义在我国被普遍应用。普里查德根据海洋物理学的概念认为，河口应是一个半封闭的海岸水体，与外海自由连通，并受陆地淡水所冲淡。他的河口内涵包括海湾和潟湖，较之萨莫依洛夫的河口研究领域要更为广阔。直接流出而不受陆地封闭或半封闭影响的外海冲淡水部分，是河水和海水的混合，可以称之为河口混合水。河口混合水与河流淡水和海洋盐水间都有明显的界面，前者与最大浑浊带吻合，后者与河口锋相符。对于这部分河口混合水需要予以特别重视，因为它在河口过程（物理、化学、生物和地质过程）、资源分布与开发过程以及河口环境变异和质量评价中都有非常重要的科学意义（陈吉余和陈沈良，2002b）。

戴志军等（2000）指出，在给河口下定义时，应该提高河口的特性如河口的地貌、水文、地质、生物、化学、物理等要素定量分析的精确度。河口的定义不仅应包括地理上的重要参数如地貌、水文、沉积等，河口的物理概念如温度、盐度、风、潮汐等和生态方面也应涉及。Perillo（1989）提出了新的河口定义："河口是半封闭的向陆延伸至潮汐影响的上界，有不止一种的方式与开阔的海洋或含盐的海岸水体自由连通，并能有效地被陆地上的淡水冲淡，而且能够维持生命周期循环的海岸水体。"

河口是河流进入海洋、湖泊或其他河流的区域，是流域和海洋连接的枢纽，包括河流尾闾段和滨海地区，在海陆水循环中具有重要的传递纽带作用（黄锡荃，1993），常以三角洲的形式展现，既是流域物质的归宿，又是海洋的开始，河流向海洋输入淡水和营养物质，在近岸水域转化为鱼虾贝藻等生物资源，海洋则承载并孕育着河流所带来的一切。

2.1.2 河口分类

戴志军等（2000）提出，河口类型的划分应从时间、空间尺度考虑动力、构造作用、自然特征等因素。根据不同的自然地理条件、形态特征和潮汐状态，前人将河口划分为 2~7 类不等（表 2-1）。其中，Pritchard 的地貌分类是最著名的，他将河口分成三类：溺谷、峡湾、砂坝河口，之后在 1960 年又补充了因构造过程形成的构造河口。Pritchard 的河口分类单纯从自然特征出发，并非所有的河口都包括在内，如河口位于三角洲的终端或者没有完全沉溺，它忽视了河口的地貌以及动力（潮汐、河流等）的影响。在此基础上，Fairbridge 提出了一种新的自然地理分类，以自然地理与水动力因素为基础，根据河口的地形特征与泥沙阻塞的程度将河口分成 7 类（图 2-1）。Fairbridge 的分类较为全面，考虑了地理上的一些动力因素如海水的变化，然而不足之处是缺乏具体的细节（Pritchard，1960；Fairbridge，1980；戴志军等，2000）。李春初（1997）在 Dalrymple 的分类基础上，从动力地貌的角度，根据三大动力因素的相对强弱将河口分成河流作用优势型、潮汐作用优势型和波浪作用优势型等 3 个基本类型（图 2-2，表 2-1）。戴志军等（2000）认为该分类的提出，代表了目前从动力地貌方向研究河口的水平。

表 2-1 典型河口分类方案

提出者	提出年份	河口类型
Pritchard	1960	4 类：溺谷河口、峡湾河口、砂坝河口、构造河口
Hayes	1975	3 类：弱潮河口、中潮河口、强潮河口
Fairbridge	1980	7 类：峡湾河口 1、峡湾河口 2、里亚式河口、海岸平原型——喇叭状、沙坝河口、堵塞河口、三角洲——前沿河口、构造河口——复合型河口
Dalrymple	1992	2 类：波控河口、潮控河口
李春初	1997	3 类：河流作用优势型河口、潮汐作用优势型河口、波浪作用优势型河口

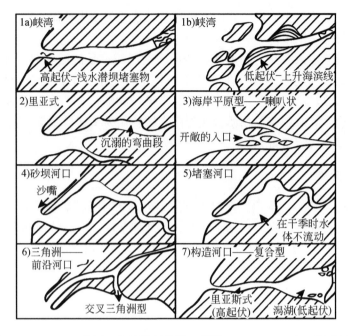

图 2-1 Fairbridge 的河口自然地理分类（根据 Fairbridge，1980 重新绘制）

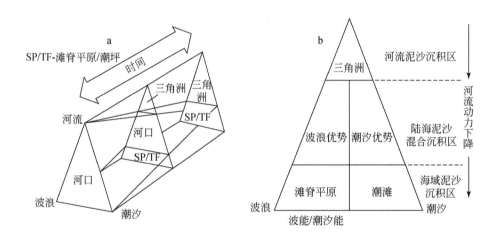

图 2-2 Dalrymple 的河口分类（根据 Dalrymple et al.，1992 重新绘制）

下面介绍几种常见的河口类型。比如按照成因划分的溺谷型河口和三角洲河口，按照作用力不同划分的河川主导型河口、潮汐主导型河口和波浪主导型河口。

（1）溺谷型河口。海侵作用淹没的河谷末端，海水直拍崖岸。由于河流较小，或流域来沙不多，虽在湾头或局部地段有泥沙堆积，但溺谷状态仍然被保留下来。溺谷型河口的下段，往往呈漏斗状，称为漏斗状河口或三角港。而对那些下段呈漏斗状和成形河流相接的，又称为河口湾，如中国的钱塘江河口和杭州湾。漏斗状海湾受地形影响，潮差较大，成为强潮河口，其湾底地形常有潮流脊发育。

（2）三角洲河口。流域来沙丰富的河口，泥沙沉积于河口区，有三角洲发育。一般而言，三角洲发育于弱潮河口和某些中潮河口以及河流挟带的泥沙不易被沿岸流带走的地区。水流分汊是河口常见的现象，有单汊、多汊和分汊再会合3 种形式。三角洲汊河一般都较浅，在汊道的口门附近，常有沙体堆积，称为拦门沙。

（3）河川主导型河口。河川主导的河口常发生在受潮汐影响较小的湖泊、河口、封闭或半封闭的海洋，或波浪能量较弱的近海浅坡部分。

（4）潮汐主导型河口。河口主要受到双向潮汐作用涨潮与退潮的影响。根据潮汐的大小，可分为强潮河口、中潮河口、弱潮河口和无潮河口等。

（5）波浪主导型河口。河口主要受波浪营力影响，不同的波浪入射角度因造成泥沙移动的距离与方向不同，会形成不同的河口沙洲或沙嘴形态。

2.1.3　广西北部湾河口分类

从河口成因来看，广西北部湾河口可分为溺谷型河口和三角洲型河口两种。前者占多数，典型的有：大风江河口、茅岭江河口和防城江河口等。南流江三角洲是广西最大的三角洲，南流江河口是比较典型的三角洲型河口。由于北部湾河口区域波浪和潮汐作用比径流作用弱，便将其划分为河川主导型。广西北部湾主要河口的基本情况将在本书第4 章进行介绍。

2.2　海岸定义及分类

如前所述，海岸是陆地与海洋的交汇地带，其构成比较复杂，类型多样。本节根据前人的研究成果，介绍海岸定义及广西北部湾海岸类型。

2.2.1　海岸定义

与河口相连且耦合关系密切的区域，称为海岸带。海岸是陆地与海洋的分界线，河口海岸是海洋与陆地的交汇地带，包括河流入海口向内陆的流域部分和向海的海岸、海湾部分，包括遭受以波浪为主的海水动力作用的广阔范围，即从波浪所能作用到的深度（波浪基面），向陆延至暴风浪所能达到的地带（陈吉余，1996）。海岸构成比较复杂，类型多样，中国对海岸带做过一次全面的多学科综合性的系统调查。近年来海岸海洋学和海岸管理学科的发展，拓展和丰富了海岸带的内涵，即向陆包含流域，向海包含领海、毗连区、海洋经济区以及大陆架。

目前为止，学术界及相关部门机构尚未对海岸带的定义和界定达成一致，但学者们根据自身所研究的区域及内容，就海岸带的内涵给出了自己的认识及理解。广受认可的是 2001 年 6 月联合国"千年生态系统评估"项目中的海岸带定义："海洋与陆地的界面，向海洋延伸至大陆架的中间，在大陆方向包括所有受海洋因素影响的区域；具体边界为位于平均海深 50m 与潮流线以上 50m 之间的区域，或者自海岸向大陆延伸 100km 范围内的低地，包括珊瑚礁、高潮线与低潮线之间的区域、河口、滨海水产作业区，以及水草群落。"可以肯定的是，海岸是陆地和海洋的过渡带，而河口是海岸带的重要组成部分，是陆地向海洋输送物质的必经通道。河口海岸是地球四大圈层交汇、能量流和物质流的重要聚散地带。该区域经济发达、人口集中、开发程度高，导致严重的环境变异、资源破坏，对区域持续发展造成重大影响，特别是我国，流域高强度开发对河口和邻近海岸带有着直接而又深远的影响。河口海岸是陆海相互作用的集中地带，各种过程（物理的、化学的、生物的和地质的）耦合多变，演变机制复杂，生态环境敏感脆弱，其向海一侧的边界位于大陆架边缘，而向陆一侧的边界位于海洋因素（如潮汐、台风、海陆风等）能够起作用的范围界限，占地球表面积的 15% ~ 20%。从全球范围来看，河口海岸区域多处于大都市并集聚了大部分人口，是人口分布和经济社会发展的重心所在，世界 60% 的人口和 2/3 的大中城市集中在沿海地区，日益加剧的人类活动增加了河口海岸地区的压力。在我国，东部沿海是经济相对发达的区域，而最发达的地方又集中于长三角、珠三角和京津唐等几个区域。

2.2.2　海岸分类

海岸分类始于 Johnson，当时只分出上升岸和下降岸，其后的几十年中，新的分类方案不断问世（表 2-2）（张明书，1995）。其中，由于对海岸认识的多解性和划分标准的不恒定性，海岸分类始终未能统一于同一划分原则和判断标志上来，张明书在 Johnson 等学者的分类基础上，采取吸收与补充、级序相匹配，为便于应用，以现今构造位置为划分一、二级海岸类型的基本原则，结合形态、组成物特征等，确定低序次海岸类型，使全球性海岸能够统一于大的判别标志中，进行相互比较（表 2-3）（张明书，1995）。

表 2-2　典型海岸分类列表

提出者	提出年份	河口类型
Johnson	1919	2 类：上升岸、下降岸
陈国达	1950	3 类：上升岸、下沉岸、复式岸
中国科学院地理研究所地貌室	1959	2 类：堆积岸、侵蚀岸
曾昭璇	1963	3 类：山地岸、台地岸、平原岸
上海师范大学河口海岸研究室	1973	3 类：平原岸、基岩岸、生物岸
冯绍增	1977	3 类：侵蚀型海岸、堆积型海岸和平衡型海岸；基岩海岸、砂砾质海岸和泥质海岸
陈吉余、王宝灿、虞志英等	1989	3 类：基岩海岸、砂质海岸、粉沙淤泥质海岸
沈锡昌和石岩	1992	4 级：一级海岸（动力成因）、二级海岸（气候成因）、三级海岸（岩性成因）、四级海岸（形态成因）
张明书	1995	4 级：一级海岸、二级海岸、三级海岸、四级海岸

表 2-3　张明书海岸分类

判别标志	一级	二级	三级	四级
一般没有陆架		岛弧海岸	生物营造海岸	基岩海岸
一般没有潮坪带或十分狭窄		海沟海岸	断崖海岸	珊瑚礁海岸
一般无断层岸坡陡	板缘海岸	碰撞海岸	岛屿海岸	增生楔海岸
一般无海滩			火山海岸	断层海岸
有陆架		岬角–海湾海岸	冰川海岸	基岩海岸　珊瑚礁海岸
有潮坪带		极地海岸	岛屿海岸	砾质海岸　红树林海岸
大多有海滩		弧后海岸	生物营造海岸	砂质海岸　三角洲海岸
除个别断层海岸外，岸坡平缓	板内海岸	陆缘海岸	岬角–海湾海岸	淤泥质海岸
			河口海岸	砾堤海岸　沙堤海岸
				沙坝–潟湖海岸
				风成沙丘海岸
				断层海岸
				岬角–海湾海岸

在第十三届国际第四纪研究联合会召开前夕，出现了一种新的世界海岸分类方案——动力成因分类（沈锡昌和石岩，1992）。新分类综合分析了影响海岸发育的背景因素和动力因素的辩证关系，抓住了海岸分类的实质——动力成因。新分类方案以大量国内外海岸资料为依据，结合分类理论，提出全球海岸可按动力成因（能源）划分为外动力海岸和内动力海岸两大类。外动力海岸分布极为广泛，是最主要的海岸类型。在塑造外动力海岸的动力中，主要有水动力、生物、冰冻等三种外动力，它们分别形成水动力海岸、生物海岸、冰冻海岸三类二级海岸，其世界地理分布具纬度地带性。内动力海岸分布局限，主要见于板块碰撞边界等处，可分为断层海岸、地震海岸、火山海岸三类二级海岸。新分类方案还进一步将海岸划分出 16 类三级海岸、31 类四级海岸（表 2-4）（沈锡昌和石岩，1992）。

表 2-4 沈锡昌和石岩的海岸分类

分类等级	一级海岸	二级海岸	三级海岸	四级海岸
分类原则	动力成因	气候成因	岩性成因	形态成因
分类内容	外动力海岸	一、水动力海岸	1. 基岩海岸 2. 砂砾质海岸（海滩） 3. 泥质海岸（潮坪）	①海蚀悬崖海岸 ②海蚀崖–波切台海岸 ③海蚀崖–堆积海岸 ④单坡向海滩海岸 ⑤双坡向海滩海岸 ⑥障壁沙岛–潟湖海岸 ⑦窄陡潮坪海岸 ⑧宽平潮坪海岸
			4. 三角洲海岸 5. 三角港海岸 6. 三角湾海岸	⑨扇形三角洲海岸 ⑩鸟足形三角洲海岸 ⑪尖头形三角洲海岸 ⑫岛屿三角洲海岸 ⑬喇叭形三角港海岸 ⑭漏斗形三角港海岸 ⑮三角湾海岸
		二、生物海岸 （低纬度）	7. 珊瑚礁海岸 8. 红树林海岸	⑯岸礁海岸 ⑰堡礁海岸 ⑱环礁海岸 ⑲红树林海岸

续表

分类等级	一级海岸	二级海岸	三级海岸	四级海岸
分类内容	外动力海岸	三、冰冻海岸（高纬度）	9. 热力海蚀海岸 10. 冰岸 11. 峡湾海岸 12. 岛礁海岸	⑳热力海蚀崖海岸 ㉑热力海蚀崖-堆积海岸 ㉒冰岸 ㉓峡湾海岸 ㉔岛礁海岸
	内动力海岸	四、断层海岸 五、地震海岸 六、火山海岸	13. 断层海岸 14. 地震海岸 15. 熔岩海岸 16. 火山碎屑海岸	㉕断层崖海岸 ㉖地震海岸 ㉗熔岩被海岸 ㉘熔岩流海岸 ㉙火山碎屑海岸 ㉚火山锥海岸 ㉛破火山口海岸

2.2.3 广西北部湾海岸分类

广西北部湾海岸带地处我国沿海西南端、我国大陆海岸线的最西端，东至与广东省接界处的洗米河口，西至中越边界的北仑河口，南濒北部湾。东西长约185km、南北宽约51km，大陆海岸线长约1629km，岸线长度在全国11个沿海省份排名第6，岛屿697个，浅海面积6488.31km²，滩涂面积1005.31km²。北部湾是我国西南地区唯一的沿海区域和最便捷的出海通道，是我国沿海地区规划布局新的现代化港口群、产业群和建设高质量宜居城市的重要区域。

北部湾各种类型的海岸均有分布，黎广钊等（2017）根据海岸成因、形态、物质组成的分类原则，将广西海岸划分为砂质海岸、粉砂淤泥质海岸、生物海岸、基岩海岸、人工海岸、河口海岸等六大类型（表2-5）。广西北部湾典型海岸类型将在第5章详细介绍。

表 2-5　广西海陆交错带海岸的岸线类型长度统计表（黎广钊等，2017）

岸线类型	长度/km				占海岸线比例/%
	北海市	钦州市	防城港市	合计	
砂质海岸	50.60	26.14	35.22	111.96	6.88
粉砂淤泥质海岸	4.46	23.46	82.51	110.43	6.79
生物海岸	27.18	57.66	4.46	89.30	5.48

岸线类型	长度/km				占海岸线比例/%
	北海市	钦州市	防城港市	合计	
基岩海岸	3.28	8.35	19.16	30.79	1.89
人工海岸	439.39	445.47	395.35	1280.21	78.61
河口海岸	3.08	1.55	1.09	5.72	0.35
合计	527.99	562.63	537.79	1628.41	100.00

第3章　广西北部湾河口海岸自然状况

3.1　地质地貌

广西河口海岸地区出露的地层从老到新有下古生界志留系，上古生界泥盆系、石炭系、二叠系，中生界侏罗系、白垩系和新生界古近系、新近系、第四系。总厚度 13401~22145m。其中以志留系、第四系分布广泛，其他地层出露面积较小（黎广钊等，2017）。广西近岸大地构造位于华南褶皱系西南端，地质构造运动比较复杂，各次构造运动都有所表现。断裂构造发育，以东北、西北为主（庞衍军等，1987）。

广西近岸地区新构造活动可以划分为早更新世、中更新世、晚更新世和全新世等 4 个活动期，每个新构造活动期均表现各自的特点，但总的趋势以抬升为主（黎广钊等，2017）。

（1）早更新世，北部湾近岸地区在喜马拉雅运动的影响下活动强烈。北部湾拗陷继续下沉，形成一套厚达近百米的海陆过渡相沉积层（湛江组），此期间局部发生火山活动。六万大山隆起带内的龙门岛群、渔沥岛、珍珠港一带继续抬升受到剥蚀，形成该地区三级剥蚀台地。

（2）中更新世，北部湾拗陷继续下降，初期发生石峁岭期火山活动，在涠洲岛、斜阳岛形成火山堆积，北流-合浦断裂带的继续活动使得差异升降加剧，合浦盆地内沉积了厚层的洪积-冲积物（北海组）。随后抬升影响全区，西部龙门群岛、渔沥岛及珍珠港一带继续上升，形成二级剥蚀台地，东部北海组也遭受侵蚀形成平缓的波状平原。

（3）晚更新世，广西近岸地区仍然持续上升，在这个时期，涠洲岛、斜阳岛一带在石峁岭期火山喷发堆积之后，晚期火山开始活动，形成湖光岩组火山喷发堆积。渔沥岛、珍珠港一带晚更新世早、中期仍处于上升阶段，受到剥蚀，形成一级剥蚀台地，到晚更新世晚期开始接受海滩或滨海沼泽沉积。

（4）全新世，从地壳变形、地震活动等现象判断，北部湾近岸地区新构造运动仍有活动，总的趋势是上升。但由于后期海平面上升的速度超过了构造上升的速度，从而发生海侵，使广西沿岸一带接受全新世海相或海陆过渡相沉积（黎广钊等，2017）。

北部湾河口海岸地区属于新生代的大型沉积盆地，沉积层厚达数千米。地势大体北高南低，从北至南分别为：山脉—丘陵—滩涂—浅海，山脉多呈东北–西南走向。西北方横贯着约 100km 长的十万大山山脉，山势高峻，峰峦连绵，平均海拔约1000m。东北方横贯着约 60km 长的六万大山山脉，平均海拔约 800m。两山系之间及海岸带陆地北侧均为丘陵地带。大体上以大风江为界，东、西两部具有不同的地形地貌特征，东部主要是古洪积–冲积平原，其次为三角洲平原，地势平缓；西部主要是侵蚀剥蚀台地，地势起伏不平，局部为三角洲平原和海积平原。

3.2　气候条件

北部湾地区地处北回归线以南，以亚热带海洋性季风气候为主，夏季高温多雨、冬季温和少雨，季风盛行。冬季受大陆冷空气的影响，多东北风，海面气温约 20℃；夏季，风从热带海洋上来，多西南风，海面气温高达 30℃，日照时间长。北部湾海洋对气候产生影响最明显的是热带气旋降水多，影响北部湾沿海的热带气旋平均每年有 4.5 个，致使北部湾海岸带的降水集中在 7～9 月。陆地部分年降水量均在 1600mm 以上，西部因十万大山存在，地势高，迎风坡降雨较多，防城港市沿海一带年降水量达到了 2800mm 以上。由于降雨的时间过于集中，易受旱涝灾害（曾洋等，2012）。

3.3　水文条件

广西北部湾全岸段流入海洋的河流多年平均径流总量为 $2.67 \times 10^{11} \mathrm{m}^3$，有 120 多条，自西向东有北仑河、防城江、茅岭江、钦江、洗米河等，均独立流入海洋。北部湾地区的河流常年奔涌不断，水能蕴藏量大。

广西沿岸波浪的季节性变化异常明显，冬季以东北和北北东向浪为主，最高达当月的 43%。夏季西部主要为南向浪，东部则以南南西向浪为主，其中 7 月南南西向浪占当月的 40%。冬季偏北向浪频率最大，涌浪只有偏南向。广西沿岸最大波高出现在东南向，其次为西南向波浪。

广西沿岸以全日潮为主，除铁山港和龙门港为非正规全日潮以外，其余均为正规全日潮，是一个典型的全日潮区。广西沿岸潮差较大，各站最大潮差均大于4m，平均潮差为 2.30m。铁山港潮差最大，历史记录最大潮差达 6.41m。

广西沿岸主要是浅海近岸区，除个别区域（如大风江口、涠洲岛及斜阳岛周边海域、珍珠港江平以南部分海域）之外，潮流的运动形式基本为往复流。影响广西沿岸余流场分布的主要因素有风场、大陆径流、地形以及长周期波等。夏季广西近海盛行偏南风，广西近海主要形成两个涡漩系统，一个存在于白龙半岛至大风江口门外，余流流速一般为 5 ~ 30cm/s，最大余流速度出现在防城港口门外。另一个在北海西村港至铁山港口门外，在近海区域外海水向岸流动，余流方向以西北向为主，在铁山港口门则为西南向，该逆时针余流系统流速较低，一般为 2 ~ 10cm/s。除以上逆时针涡漩系统，涠洲岛海域余流主要为西向或西北向，余流流速约 15 ~ 25cm/s。冬季广西沿岸主要发育一个大型逆时针涡漩系统。该系统控制涠洲岛以西的广大海域，外海高温高盐水沿着北部湾东侧向北流动，在广西近海受河流冲淡水影响而转向西南，形成半封闭的逆时针涡漩系统，余流流速一般为 10 ~ 20cm/s（黎广钊等，2017）。

3.4　灾害性天气

广西沿海地区的灾害性天气较多，主要有台风（热带气旋）、强风和寒潮大风、低温阴雨等。沿海地区每年 5 ~ 10 月为台风季节，平均每年受热带气旋影响 2 ~ 3 次，平均每 5 ~ 8 年有一次强台风危害，在强台风的严重影响下，较容易产生较大的风暴潮，给工业、农业、海洋开发和安全带来威胁。强风和寒潮大风主要出现在 9 月至翌年 4 月，平均每月出现 6 ~ 9 天，给海上渔业捕捞和运输安全带来影响。低温阴雨天气主要发生在每年 2 ~ 3 月，给种植业和海水养殖业带来危害（黎广钊等，2017）。

热带气旋灾害是全球沿海地区常见自然灾害之一，我国沿海地区深受其害。与其他海域相比，广西北部湾为毗邻南海北部的半封闭港湾，遭受来自西太平洋和南海热带气旋的严重影响，其中台风级别的热带气旋是影响广西北部湾地区热带气旋中所占比例最高的类型，区域的防灾减灾形势十分严峻。根据黎树式等的研究，广西北部湾地区的热带气旋有如下特点（黎树式，2017）：

（1）影响广西北部湾地区的热带气旋数量呈逐年减少趋势，发生时间主要集中在 7、8、9 月，这三个月的热带气旋个数占总数的 63.28%，其中 8 月份占比例最高，达 26.89%。

（2）影响广西北部湾地区频度前三的热带气旋类型依次为台风、强热带风暴和热带低压，年代际热带风暴、强热带风暴影响个数呈波动上升趋势，超强台风近期有下降趋势，但热带风暴在年代际尺度上呈上升态势；由于海南岛、雷州半岛的屏障作用，进入广西北部湾的热带气旋强度大多降至强热带风暴或风暴。

（3）北部湾地区以西太平洋热带气旋为主，主要路径为西北方向，且存在一定的振荡规律；热带气旋平均气压、平均风速、最大气压和最大风速有 5 年的短期变化周期和 10 年的长期变化周期。

第4章 广西北部湾主要河口及其特征

中国有超过32000km的大陆与岛屿海岸线，大小河口1800多个，河流长度在100km以上的河口就有60多个，其中长江口、黄河口、珠江口、钱塘江口等都是典型的世界著名河口。广西北部湾全岸段流入海洋的河流较多，比较典型的有南流江、大风江、钦江、茅岭江、防城江和北仑河等6条主要入海河流。

4.1 南流江河口

南流江发源于广西大容山，是广西最大的独流入海河流，于合浦县西南处汇入廉州湾，流域面积广泛，其尾闾分为南干江、南西江、南东江、南州江等4条汊道，使河口呈扇形展布，并与廉州湾相通。河口线长达14km，目前主要有4个入海口，即干流河口、木案江河口、针鱼墩河口和叉陇江河口。河口处于季风气候区，降雨多集中于6~8月，季风现象明显，冬季以北风为主，夏季风向多变。南流江河口潮流为往复流，南流江口涨落潮流流速约0.8kn（1kn=1.852km/h）。冬季河口潮流流速减弱，约0.7kn。河口区地形地貌复杂，根据成因可以分为陆地地貌、岸滩地貌、海底地貌三类。其中河口水下三角洲整体呈舌状向海突出，中部深，向两翼变浅，水深3~10m，面积约为280km^2。且河口沙坝数量较多，但规模不大，大者长约1~2km，宽数百米；小者长数百米，宽数十至近百米。沙坝顺流水方向展布，沉积物以细砂为主。河口地区湿地、生物等资源丰富，湿地面积1800hm^2，浮游植物共计46种，鸟类共计156种（周放等，2005；林镇坤，2019；黄欣，2020）。

4.2 大风江河口

大风江发源于广西灵山县伯劳镇，并于钦州市犀牛脚镇沙角村注入北部湾。位于北热带季风气候区，降雨主要集中在6~9月，潮汐属于不规则全日潮，河口涨落潮流流速约1.6kn，冬季河口潮流流速减弱，为0.6kn。大风江河口为深入内陆的溺谷海湾环境，其地形受构造和岩性的影响呈鹿角状深入内陆，潮汐通道规模较大，其中部发育"S"形溺谷深槽，水深5~10m，为落潮冲刷槽，位于河口深槽之中的河口沙坝雷公沙，长 2km，宽 0.6～1km，呈南北走向，其存在使河床进一步分支，港口航道变窄变浅，使航运条件恶化。江口−2～0m 等深线之间发育拦门沙，呈东西向横亘于江口，与潮流方向垂直，受潮流和波浪等因素的共同影响（罗亚飞等，2015）。河口上游东场构建有挡潮闸，导致径流较少过闸入海，仅沿线汇流区内降水进入该区域。河岸坡度较陡，河口潮滩自海向陆由发育稀疏过渡到狭长而呈断续带状分布特征（王日明等，2020）。

4.3　钦 江 河 口

钦江发源于灵山县东北部的罗阳山，沿钦州断裂带自东北向西南流经灵山、钦州市，注入钦州湾。钦江河口两岸地势平坦、滩涂宽阔，河口地带由大量泥沙推移淤积沉淀，形成了南北长 10km，东西宽 13～14km，面积 135km² 的三角洲平原，河口岸线曲折，淡水资源丰富，拥有开设港口码头和发展工贸旅游、城市供水、滩涂围垦、海涂养殖的优越条件。但由于河口地区受径流、潮汐、泥沙、盐度等的共同作用，河床冲淤变化十分复杂激烈，加上口门曲折浅窄，尾闾排水泄洪不畅（欧柏清，1995）。

4.4　茅岭江河口

茅岭江发源于灵山县西北的太平镇六潭村，至防城港茅岭镇注入钦州湾。河口位于钦州市与防城港市交界处，茅岭江口外的沙坝规模较大，如紫沙、四方沙等，最大长度 2.3km，最大宽度约 1km。

4.5　防 城 江 河 口

防城江河发源于防城各族自治县十万大山柞老顶南侧，至防城镇后转向西南流，注入防城港湾。防城江河口湾位于北部湾北部顶端，湾口朝南，位于企沙半岛和渔澫岛之间，形成深入内陆具有宽广河道的溺谷湾。海域面积 4983hm²，其中潮间带滩涂面积 1647hm²。湾内现存红树林 184.53hm²，由于北部湾区域经济的发展，与 1990 年相比，围填海使防城江河口的湾口宽度减少了 20%，湾内湿地面积减少了 36.8%，32.6% 的原生红树林已消失；同时大量污水经河流倾泻到河口和近岸地区，致使潮间带底质重金属污染状况严重（赖廷和等，2019）。

4.6 北仑河口

北仑河是我国与越南的分界河。地理位置特殊，区域特点明显，资源敏感度强。北仑河口位于北部湾的西北面，地处热带和亚热带区域，既受到热带气候条件的影响，也受到频繁人为活动的影响（Fairbridge，1980）。北仑河口是我国大陆沿岸西南端的一个入海河口，是中越两国的界河河口，两国分界线以北仑河主航道中心线为界。河口北岸西起东兴镇，向东经竹山到万尾岛的西岸；南岸西起东兴对岸的芒街，沿北仑河经独墩、中间沙南侧岔道至茶古岛的东北角，范围约在 107°57′E ～ 108°08′E 和 21°28′N ～ 21°36′N 之间。河口宽约 6km，纵长约 11.1km，地形复杂，槽滩相间，滩宽槽浅，水域面积 66.5km^2，其中潮间滩涂面积 37.4km^2，潮下带和浅海面积 29.1km^2。河口多年平均流量 81.2m^3/s。流域多年平均降水量 2500～3000mm，年内分布极不均匀，6～8 月为全年雨量的高峰期，暴雨天气较多，5～10 月洪季降水形成的径流量占全年 80% 以上。北仑河口为典型的全日潮潮汐类型河口，由径流、波浪、潮汐等多种动力因子共同塑造而成。河口潮汐作用明显，潮差比较大，平均潮差为 2.04m，最大潮差可达 4.64m。作为北部湾以及南海西北部的一部分，北仑河口受南海潮波系统控制（陈波和邱绍芳，1999a；董德信等，2013）。

河口沉积物以中砂、细中砂、黏质砂等为主，其中粒径为 0.125～0.154mm 的沉积物占到 50% 以上。河口地貌以砂质黏土或黏砂质黏土层为主。水下地貌类型则主要有沙坝、浅滩、潮汐通道、拦门沙和人工地貌等。河口海岸类型以沙质海岸为主，其次为淤泥质海岸。岸线总长 77.25km，其中沙质岸线 39.15km，红树林岸线为 22.3km，人工岸线为 15.8km。但由于河口朝海敞开，受热带风暴、强潮和强浪以及河口地区人类经济活动等因素的影响，海洋动力作用明显，环境演变过程十分激烈，河口出现河道主流线向北侧偏移、河岸萎缩后退、边滩受到侵蚀，河槽沙洲沙岛的大小位置及形态发生变化等现象（高振会和黎广钊，1995；陈波和邱绍芳，1999b；陈波等，2011；陈敏等，2012；冉娟等，2019）。

4.7 北部湾河口研究案例——河流入海物质通量研究

入海物质的传输是地球生物化学循环的重要途径，入海泥沙是沿途风化产物和污染物质的重要载体。河流水沙变化关系流域生态、社会和经济的可持续发展，在某种程度上可以通过其评价人类活动对近岸河和流域的文明史，有利于解决全球变化问题。河流水沙通量的变化是目前国际大河流域-河口研究关注的焦点。因此本节将介绍北部湾最典型的两条河流——南流江和钦江入海水沙通量变化,以及北部湾主要入海河流污染物通量的相关研究成果(黎树式,2017;林俊良等,2018)。

4.7.1 南流江入海水沙通量变化研究

以北部湾北部典型独流入海河流——南流江为研究对象,采用小波分析和M-K非参数秩次相关检验和标准正态检验等方法,收集整理该河1965年至2013年的水沙和河床断面资料,分析水沙变化及其影响因素和河床地貌对水沙变化的响应特征,研究表明:①近50年来夏半年平均流量和输沙量占全年比例分别是70%和90%以上。②与1960s~1980s相比,1990s~2000s的月平均流量与月平均含沙量峰值分布从6、8月变为7月,和从4月变为7月;同时,河流水沙有4~6年和11年的振荡周期。③近50年来,上游水沙分别年均下降13.9%和22.28%,相对而言,下游年均下降则是33.72%和49.05%。④水沙比率曲线呈现逆时针规律,1990~2012期间曲线较1965~1989年期间狭窄,且下游比上游变化更大。⑤河床地貌对水沙变化响应特征为:洪季冲刷,枯季淤积。⑥河流径流受降雨量控制,入海泥沙主要受中下游各种综合因素控制。河流入海水沙的减小与土壤侵蚀、植被保护和水利工程等人类活动有关。相关图件见图4-1、图4-2。

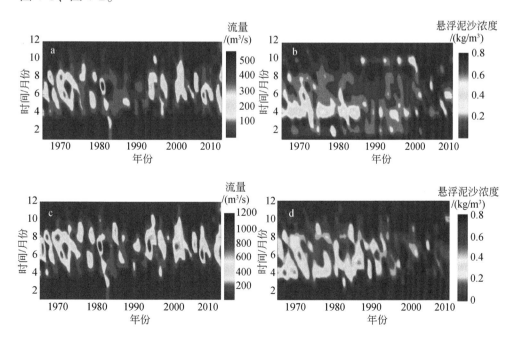

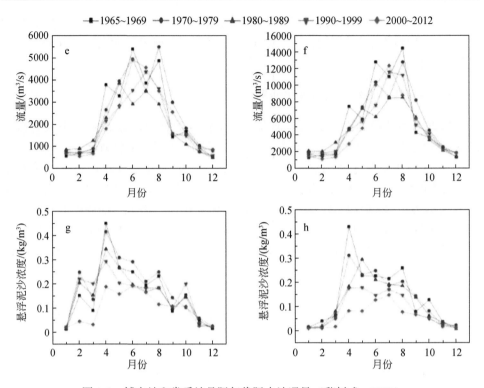

图 4-1　博白站和常乐站月际年代际水沙通量（黎树式，2017）

a. 博白站月流量；b. 博白站月悬浮泥沙浓度；c. 常乐站月流量；d. 常乐站月悬浮泥沙浓度；e. 博白站年
代际流量；f. 常乐站年代际流量；g. 博白站年代际悬浮泥沙浓度；h. 常乐站年代际悬浮泥沙浓度

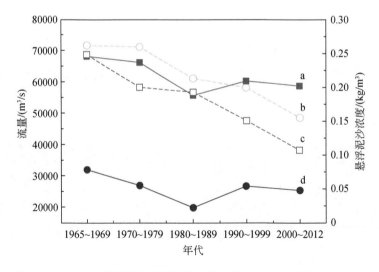

图 4-2　博白站与常乐站年代际流量与悬沙浓度变化（黎树式，2017）

a. 常乐站流量；b. 博白站悬浮泥沙浓度；c. 常乐站悬浮泥沙浓度；d. 博白站流量

4.7.2　钦江入海水沙通量变化研究

位于亚热带地区的钦江是北部湾第三大独流入海河流，是我国西南地区入海河流的典型代表之一，其水沙变化关系流经城市的防灾减灾及河口地貌演变。研究表明：①近几十年来钦江的流量和输沙量均呈下降趋势，其中输沙量下降趋势更为显著。1979 年和 1995 年是钦江水沙变化突变年份。②钦江水文特征具有明显的季节性，夏半年的平均流量与平均输沙量分别占全年的 58.62% 和 61.77%。同时，平均流量和平均含沙量存在 4~6 年和 15 年的周期振荡特征。③多年来河床地貌对钦江水沙变化具有较明显的响应特征，中游枯季先冲刷后淤积，下游受人工挖沙等因素影响较大。④钦江的径流主要受降雨控制，而输沙量则主要受控于多种因素。径流与输沙量的下降则主要受到了人类活动的影响，包括水土流失、森林保育和人口增长等。水沙变化趋势及其驱动因素是了解河流水文特征的重要内容，此外，在全球变化和极端水文事件的背景下，中小河流水沙变化对气候变化和人类活动的响应过程，以及水沙变化对河口三角洲的影响机制等科学问题是下一步研究的重点。相关图件见图 4-3 ~ 图 4-6。

4.7.3　北部湾主要入海河流污染物通量变化研究

河流入海污染物通量变化是流域–河口陆海相互作用研究的重要内容。以广西南流江、大风江、钦江、茅岭江、防城江等 5 条主要入海河流为例，分析 2007 ~ 2016 年入海河流污染物通量的变化特征及其影响因素。结果表明：①广西主要河流入海污染物总量呈波动上升趋势；②化学需氧量占入海污染物总量的

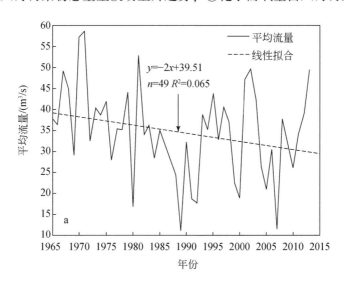

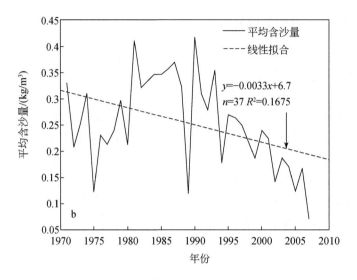

图 4-3　陆屋站年平均流量和年平均含沙量变化

a. 年平均流量；b. 年平均含沙量

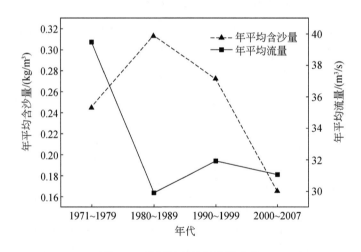

图 4-4　陆屋站年代际水沙变化

96%以上；③相对其他河流，南流江的入海污染物排放量最多；④入海污染物是影响河流和河口湾水质变化的重要因素；⑤入海污染物通量变化与河流输沙量变化和流域人均国内生产总值（人均 GDP）有较好的相关性。本研究将有助于提高对北部湾流域–河口陆海相互作用的认识，为海岸带防灾减灾及综合管理提供

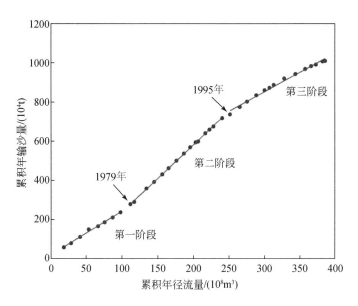

图 4-5　输沙量径流量双累积曲线

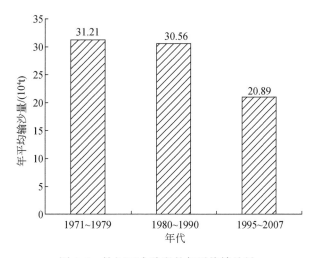

图 4-6　钦江三个阶段的年平均输沙量

科学依据。

　　如图 4-7 所示，2007～2016 年广西河流入海污染物总量呈现上下波动的上升态势。虽然 2013 年之后入海污染物总量在急剧下降，但整体上依然是增加的。2016 年统计的污染物总量比 2007 年增加 1.18%，主要原因可能为进驻北部湾经济区的工业增多，虽然政府部门等管理部门也有意识地保护北部湾海洋环境，但由于管理力度不足及高新技术引进相对落后等原因，五条河流的入海污染物总量也伴随工业的发展而呈增长的态势。另外，2009 年与 2013 年分别出现十年内的最低值与最高值，2009 年入海污染物总量为 66845.7t，2013 年为 586460t，是2009 年的 8 倍还多。

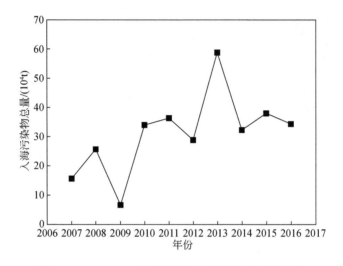

图 4-7　2007～2016 年广西河流入海污染物总量变化

第5章　广西北部湾主要海岸类型及其特征

广西北部湾海岸线长、地貌复杂，发育各种类型的海岸，本书重点介绍广西北部湾砂质海岸、粉砂淤泥质海岸、基岩海岸、生物海岸和人工海岸。本章内容主要参考黎广钊等（2017）的研究成果。

5.1　砂　质　海　岸

5.1.1　分布岸段

主要分布于广西海陆交错带东部北海半岛北岸北海外沙—高德—草头村，北海半岛南岸白虎头—北海银滩—电白寮—大墩海，大冠沙，福成竹林—白龙营盘—青山头—淡水口，沙田半岛南岸沙田—下肖村—耙朋村—中堂（总路口）—乌泥等岸段；中部犀牛脚大环—外沙、三娘湾—海尾村等岸段；西部企沙半岛东部沿岸沙螺寮—山新村，企沙半岛南部沿岸天堂坡—樟木沥—赤沙、江山半岛东南岸大坪坡，江平沥尾—巫头—榕树头—白沙仔等岸段（图5-1）。

图5-1　北海银滩（黎树式摄于2016年）

5.1.2　砂质海岸基本特征

北部湾砂质海岸有如下特征：①岸线平直、沿岸沙堤、沙滩广泛发育。②沙堤后缘直接与北海组、湛江组海蚀陡崖相连接，或在沙堤与古海蚀陡崖（古海岸线）之间有宽度不等的海积平原（即已开辟为海水养殖场或盐田或水田或农耕地等）。③砂质海岸的物质在东部地区主要来自其后北海组、湛江组的侵蚀和破坏，在西部主要来源于河流及其海岸基岩的侵蚀。④不同岸段有侵蚀与堆积的差异，反映了局部泥沙的运移，但整体上并无大规模的泥沙纵向运动。

5.2　粉砂淤泥质海岸

5.2.1　分布岸段

主要分布于广西海陆交错带东部沿岸铁山港、丹兜海、英罗港，中部沿岸大风江口、钦州湾东西两岸潮流汊道，西部沿岸防城港、暗埠口江、珍珠港湾等港湾及潮流汊道沿岸。粉砂淤泥质海岸通常发育淤泥滩—红树林滩，如铁山港闸口红石塘—螃蟹田沿岸粉砂淤泥质海岸，伴随发育有红树林滩及潮沟地貌；钦州湾金鼓江西岸农呆墩村东部发育粉砂淤泥质海岸及红树林滩地貌；茅尾海康熙岭白鸡村南岸发育宽阔的粉砂淤泥质海岸，形成宽阔、平缓的淤泥滩地貌；江平交东村东南岸发育粉砂淤泥质海岸，其外缘发育红树林滩，内缘为人工海堤。部分粉砂淤泥质海岸修建了人工沙滩，如钦州沙井港人工海滩（图5-2）。

图 5-2　钦州沙井港人工沙滩（黎树式摄于 2017 年）

5.2.2　基本特征

北部湾粉沙淤泥质海岸有如下特征：①岸线曲折、港湾众多、形如指状。潮流汉道多深入于低丘、台地之间，沿岸多岛屿和侵蚀剥蚀台地。②陆上通常有小型河流注入，但流量很小，多依靠涨潮倒灌的海水维持水域，永久性水域仅在潮沟中出现。③湾内汉道泥沙充填微弱，西侧通常发育有宽度不等的淤泥质潮间带浅滩，在滩面上往往生长有红树林。④湾顶及两侧的潮滩的沉积厚度较小，一般为 0.5~3m，局部有基岩出露于滩面上，类似的如图 5-3 所示。

图 5-3　南流江河口粉沙淤泥质海岸（王日明摄于 2021 年）

5.3　基 岩 海 岸

5.3.1　分布岸段

主要分布于广西海陆交错带东部北海半岛西部冠头岭、英罗港马鞍岭半岛东南岸等岸段；中部钦州湾东南岸犀牛脚镇乌雷岬角岸段，钦州湾西南岸沙螺寮村东北岸岬角、筋山渔村东北岸九龙寨岬角；西部企沙半岛东南岸天堂角岬角、江山半岛海岸等岸段。

5.3.2　基本特征

北部湾基岩海岸有如下特征：①多为侵蚀剥蚀台地直逼海岸边缘，岸线向海凸出，形成基岩岬角，海浪侵蚀强烈。②基岩海岸海蚀崖、岩滩（海蚀平台或海蚀阶地）、海蚀洞（穴）、礁石发育。③多数岩滩低潮期间出露、高潮期间淹没，岩滩面形态多样，既有阶梯状、沟槽状、岩脊状、锯齿状，也有平坦状、柱状、凹坑状，类似的如图 5-4 所示。

图 5-4　防城港市怪石滩基岩海岸（李娜摄于 2017 年）

5.4　生　物　海　岸

广西海岸带沿岸的生物海岸根据生物种类不同可划分为红树林海岸、珊瑚礁海岸两种类型。

5.4.1　红树林海岸

1. 分布岸段

主要分布于东部的英罗港、丹兜海、铁山港、南流江口（图 5-5），中部大风江、钦州湾鹿耳江、金鼓江、茅尾海，西部防城港渔洲坪、马正开、暗埠口江、珍珠湾北部沿岸、北仑河口等岸段。

2. 基本特征

北部湾红树林海岸有如下特征：①常见于入海河口湾和潮汐汉道、港湾内两侧潮间浅滩中上带，岸线多与海湾、汉道海岸一致。②海岸有红树林保护、湾内波浪微弱、潮流流速降低、淤泥质海滩较为发育。③红树林有的连片生长，面积较大，种类较多。如英罗港、丹兜海国家级红树林保护区，总面积达 44.24km^2，岸线长约 50km；珍珠港北部沿岸也是连片分布，面积达 10km^2，岸线长约 20km。有的为块状分布，如铁山港、大风江口、防城港港内；有的为沿岸带状分布，如鹿耳环江、金鼓江北仑河口。

图 5-5　南流江河口红树林海岸（梁喜幸摄于 2020 年）

5.4.2　珊瑚礁海岸

仅见于涠洲岛（图 5-6）、斜阳岛海岸。分布于涠洲岛西南部滴水村—竹蔗寮、西岸北部后背塘—北部北港—苏牛角坑、东北部公山背—东部横岭沿岸近岸浅海区，斜阳岛沿岸有零星分布。

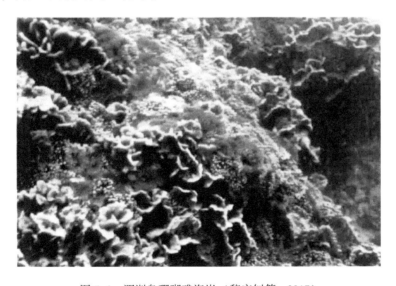

图 5-6　涠洲岛珊瑚礁海岸（黎广钊等，2017）

5.5　人工海岸

5.5.1　分布岸段

人工海岸广泛分布于英罗港乌泥、铁山港湾、营盘、竹林、大冠沙、北海侨港—大墩海、北海港—外沙、乾江—党江—沙岗—西场、犀牛脚、钦州港、康熙岭、红沙、沙螺寮、筋山、企沙港、防城港、白龙尾港、江平交东—贵明—沥尾、竹山—榕树头等地，类似的如图5-7所示。

图5-7　钦州港人工海岸（曹祎铭摄于2021年）

5.5.2　基本特征

常见于河口区海岸，开阔海岸，沿岸港口码头、农田、盐田、养殖场、临海工业区、临海城镇等岸段。

5.6　北部湾海岸研究案例——海岸侵蚀与海滩动力沉积地貌

5.6.1　北部湾海岸侵蚀

5.6.1.1　海岸侵蚀

海岸侵蚀是指海岸在动力作用下，沿岸供砂少于沿岸失砂而引起的海岸后退的破坏性过程。海岸侵蚀是长期以来严重威胁我国沿海地区社会生产活动和人民生命财产安全的海洋灾害，也是广西沿海主要海洋灾害（台风、海岸侵蚀、赤潮、海水入侵）之一。在全球气候变化下，由于海平面上升、气候极端事件频发、沿海人口剧增和不合理的人类活动，我国海岸侵蚀现象普遍存在，中国70%左右的砂质海岸线以及几乎所有开阔的淤泥质岸线均存在海岸侵蚀现象，对沿海地区的生态环境和人们的财产安全造成巨大威胁。因此，开展海岸侵蚀灾害的科学研究和科普教育势在必行。

5.6.1.2　海岸侵蚀成因及其危害

海岸侵蚀是自然因素和人为因素共同作用下的结果。如自然因素包括台风及风暴潮、海平面上升、海岸的自身性质（地质条件、地貌形态）等，人为因素包括人工采挖海沙和河沙、不合理的海岸工程（如大规模的围填海工程）等是影响海岸侵蚀的主要因素。导致海岸带原始植被和滨海湿地遭受破坏，打破了海岸环境的动态平衡，加剧海岸侵蚀，使土地大量流失、海岸构筑物破坏、海滨浴场退化、海滩生态环境恶化、海岸防护压力增大、侵蚀下来的泥沙又搬运到港湾淤积而使航道受损。详见表5-1。

表 5-1　海岸侵蚀主要影响因素

序号	因素分类	具体影响因素
1	自然因素	台风、风暴潮
2		海平面上升
3		海岸的自身性质（如地质条件、地貌形态）
4		水动力（如波浪、潮汐、潮流）
5	人为因素	入海河流输沙量减少
6		人工采海砂和河砂
7		不合理的海岸工程（如大规模的围填海工程）
8		砍伐沿岸沙地防护林

5.6.1.3　广西海岸侵蚀现状

广西海岸侵蚀主要分布在开阔海域的平直砂质海岸、半岛海岸、岬角海岸、岬角与岬角之间的沙质海岸、岛屿与波浪垂直的岸段，海湾内迎风浪一侧海岸等，均可直接遭受风浪、潮汐的强烈侵蚀作用。海岸侵蚀后退速率的大小，不仅与外动力地质作用强度有关，还受到组成海岸岩性的控制。岩质体海岸抗蚀力较强，侵蚀后退速度缓慢，短期内不易觉察其变化，其形态多为陡崖峭壁或水下岩滩；土质体及强风化的风化壳海岸抗蚀力相对较差，其形态常呈陡或直立状的海蚀土崖，由于受海浪营力的强烈侵蚀不断被夷平，常形成堆积沙滩或沙堤岸。此外，因人工围垦或采砂等工程活动，造成物源中断或补给不足的砂质海岸，侵蚀后退现象亦比较突出。因此，广西侵蚀海岸主要分布在没有红树林和人工海堤保护的基岩海岸和砂质海岸。表 5-2 为广西海岸侵蚀强度等级划分。

表5-2　广西海岸侵蚀强度等级划分（黎广钊等，2017）

序号	侵蚀强度等级	年平均海岸侵蚀速率/(m/a)
1	基本稳定（0）	<0.5
2	弱侵蚀（1）	0.5~1.0
3	中等侵蚀（2）	>1.0~2.5
4	强烈侵蚀（3）	>2.5

　　调查研究表明，广西海岸侵蚀岸段主要分布在开阔海域的平直砂质海岸、半岛海岸、基岩岬角海岸、岬角与岬角之间的砂质海岸，尤其是砂质海岸侵蚀较为强烈。不同海岸类型、岸段地点、地貌形态、物质组成的海岸均具有侵蚀强度的差异性。根据广西侵蚀海岸 10 个岸段的海岸侵蚀现状现场调查资料、数据，结合重点岸段包括江山半岛东南岸段、犀牛脚三娘湾、南康河口东西两侧海岸历史时期海岸线变化反映海岸侵蚀速率与趋势的遥感解译资料、数据进行统计、数据处理、综合分析，并依据各个岸段的海岸类型、地点、侵蚀强度等级、侵蚀速率进一步划分出 95 个分段（黎广钊等，2017），见表 5-3。部分现场图如图 5-8、图 5-9 所示。

表5-3　广西海岸侵蚀强度等级（黎广钊等，2017）

序号	侵蚀强度等级	不同侵蚀等级的分布数量/处	不同侵蚀等级所占岸段数量比例/%	不同侵蚀等级的岸段岸线长度/m	不同侵蚀等级岸线长度所占比例/%
1	强烈侵蚀	15	15.79	15607.22	7.43
2	中等侵蚀	31	32.63	53557.65	25.50
3	弱侵蚀	33	34.74	82097.26	39.10
4	基本稳定	16	16.84	58737.22	27.97
5	合计	95	100.00	209999.35	100.00

图 5-8 廉州湾部分岸段遭受侵蚀（黎树式摄于 2016 年）

图 5-9 涠洲岛部分岸段遭受侵蚀（黎树式摄于 2019 年）

5.6.1.4 海岸侵蚀防治对策

1. 将海岸侵蚀防治纳入海岸带综合管理系统

海岸带综合管理系统作为实现海岸带资源与环境综合利用、生态保护及海岸带经济可持续发展的一种管理手段，是通过对海岸带空间、生态、环境变化及资源开发与持续利用进行多环节、多层次、多范围的统筹协调和监督管理，以达到平衡和优化经济发展、公共利用和环境保护等各种社会需求的目标。因此，将海岸侵蚀防治纳入海岸带综合管理系统，可有效推动海岸侵蚀防治工作的进行。

2. 建立重点海岸侵蚀岸段的长期监测和地理信息系统

建立广西沿岸重点海岸侵蚀岸段监测计划与地理信息系统，掌握海岸侵蚀动态，以便及时采取针对性措施进行防护。同时必须对沿海各重点区的岸段专设若干个固定监测剖面，定期进行监测，及时获取海岸侵蚀的现场数据，以便海洋管理部门能及时掌握海岸侵蚀变化动态，及时采取针对性海岸保护措施进行海岸侵蚀防护和治理。

3. 制定沙质海岸沙滩综合管理开发规划和政策，禁止海岸采砂采石行为

制定滨海沙滩开发利用与保护规划，在可持续发展的原则下，建立滨海沙滩资源的分级管理制度和政府补偿机制，缓和人类活动和沙滩环境之间的矛盾。加强对采砂的管理，严厉打击非法盗采，禁止前滨、后滨、近岸的开采海砂活动，禁止破坏海岸风成沙丘、防护林带等天然生态屏障，采砂活动应限制在科学论证的基础上，在外海开采。科学规划和开发沙滩旅游资源，旅游设施应避免建设在滩面、滩肩以及后部的沙丘之上。保护好沿海土（岩）体、入海河口海岸和沿海植被稳定性，合理开发滨海沙滩旅游资源，维持海岸侵蚀–堆积的动态平衡，防止海岸侵蚀灾害现象的发生，确保滨海沙滩开发与保护协调、持续发展。

4. 科学、合理地建设海岸防护工程

滨海沙滩的防护既要达到防止岸线后退的目的，又要满足其保沙促淤维持海岸生态平衡、维护自然风貌的需求。滨海沙滩常见的海岸防护工程有海堤、丁坝、离岸堤、离岸潜堤、人工岬湾和人工浅礁等。

5. 开展滨海沙滩养护与恢复工程

最科学的滨海沙滩防护措施是恢复其原始自然地貌，使沙滩在没有人为干扰的情况下，自我调整自我修复。恢复内容包括恢复沙滩剖面形态、沙丘及沙滩后部的盐沼湿地及其植被等。人工抛沙是最为成熟和有效的恢复滨海沙滩原始地貌的措施，经过人工抛沙补充沙滩原本不足的沙量，有效地增加了干滩宽度，在防止海岸侵蚀程度加深的同时还能塑造良好的旅游环境。建议在广西沿海开展滨海沙滩养护与恢复工程时采用人工抛沙和护岸工程相互结合的养滩方法。

5.6.2　北部湾海滩发展

5.6.2.1　北部湾海滩发展概况

广西北部湾海岸线曲折，海滩资源丰富，沿海区域以砂质海滩为主，如北海银滩、东兴金滩等。近年来北部湾经济的快速发展，使海滩资源得以大规模地开发利用。在经济发展中为使海岸达到稳定的平衡状态，保护海岸免受波浪、潮流的冲蚀，人们通过人工方法，在某些岸段上促进沉积物的堆积，打造人工海滩，如钦州黄金海岸沙滩、三娘湾，防城港西湾沙滩等。从总体上来说，广西海岸滩涂面积经历了由加速递减（1955～1977 年）、滩涂面积基本不变（1978～1988年）到滩涂面积再次递减的 3 个阶段（1988 年以来）（黄鹄等，2007）。

1. 自然环境影响海滩发育

（1）海岸环境变化影响海滩发育。海岸环境变化影响海滩发育，最主要表征是海岸受到侵蚀，海滩滩面下降和岸线后退，其主要表现在海平面上升与泥沙输移两个方面。根据《2014 年中国海平面公报》，我国沿海海平面变化总体呈波动上升趋势，且上升速率高于全球平均水平；海平面上升作为一种缓发性自然灾害，长期累积效应会造成海滩侵蚀，目前我国海滩侵蚀形势十分严峻，以砂质海岸为甚（冯若燕等，2016）。此外，泥沙输移与海岸环境变化也密切相关，以北海银滩为例，银滩的泥沙活动主要受波浪和潮汐长期耦合作用的影响，波高在0.3～0.6m 的波浪出现频率总和高达 72%，这对北海银滩近海岸线以及剖面冲淤有显著影响，该范围级别内的波高使得−3.411m 水深以浅的泥沙频繁扰动，使得内滨区域常年处于持续侵蚀状态，较其他分带侵蚀更为严重（黄祖明等，2021）。海平面上升、泥沙输移、海岸线的后退在一定程度上影响海滩的发育，改变海滩面积。

（2）台风等灾害影响海滩发育。海滩是海陆作用的敏感地区，属于动态的地貌单元，在波流作用下，处于动态平衡。台风等灾害作为海岸动力地貌变化和泥沙运移的主要媒介，能使海滩在短时间内产生剧烈的变化，台风过境时引起的近岸增水和产生大的波况环境促使泥沙发生快速的离岸运动，近岸沙坝被削平，可引起海滩侵蚀、岸线后退等现象（戴志军等，2009）。相关研究也表明，海滩沉积物受台风影响较大。1983 年 3 号台风使钦州市犀牛脚泥滩后退 200～400m，形成众多的侵蚀陡坎和泥砾，海滩表面沉积物普遍粗化。此外，北海银滩 2014年 9 号台风威马逊台风作用前后的海滩沉积物变化主要模态是以细砂为主，海滩的主要沉积过程受控于以波浪为主导的驱动力。台风作用前的海滩沉积物主要受控于潮汐作用；台风作用后的沉积物受威马逊台风的影响，海滩沙丘与滩肩出现弱的侵蚀，冲流带和低潮带淤积，海滩沉积物整体变粗（黎树式等，2017a）。广西海滩受热带气旋影响较多，据统计，1986～2016 年影响广西海滩的热带气旋共计 136 个。其中年内发生 6 个热带气旋的频率最高，2001～2012 年 11 年间出现 6 个热带气旋次数为 4 次，且均在 2006～2013 年间出现。可见年内热带气旋发生 6 个的次数愈加频繁。台风等极端灾害事件无疑是破坏广西海滩发育的显著性因子（黎树式等，2019）。

2. 人类活动影响海滩发育环境

人类活动对海滩发育环境的影响主要表现在过度的海滩旅游开发活动、入海污染物排放严重及不合理的海岸建筑等（黎树式等，2019）。北部湾作为近年来海洋经济发展的新起之秀，人口密集，港口建设、产业聚集、旅游发展等活动频繁。海滩旅游是近年来旅游发展的热点之一，广西海滩旅游资源丰富，海滩新业态潜能在不断释放。2010 年滨海旅游人次为 1477.80 万人次，其中入境旅游 12.36 万人次，总产值 50.40 亿元；到 2016 年，滨海旅游达到 5879.81 万人次，入境游客数量增加到 36.60 万人次，总收入突破 110 亿元。2017 年滨海旅游业实现增加值 153 亿元，较 2016 年增长了 39.1%，其中旅游增加值为 2.83 亿元，形成了以北海为旅游核心、以钦州和防城港为重要旅游发展区的"一核两区"旅游格局（秦登妹等，2019；毛蒋兴等，2019），海滩旅游收入已然成为沿海产业总产值新的增长点。日益增加的旅游人数、游客缺乏海滩保护意识、管理不到位的海滩维护工作，使广西海滩乃至整个北部湾海岸带生态系统面临巨大的生存压力。

随着城市化进程加快及旅游资源的开发，广西北部湾海岸带开发建设力度不断增强，人口急剧上升，生态环境问题日渐凸显。生活污染、养殖污染、农业污染及工业污染等污染物排放严重超标，海水污染加重。石油等项目进驻北部湾工业区，使北部湾海湾及外海域的溢油风险增大（莫珍妮等，2018），水体富营养化现象加剧。2006～2012 年北部湾北部较大规模的赤潮发生 7 次，2008～2011 年涠洲岛由于各种原因先后发生了 7 次溢油事件（黎树式等，2014a）。2017 年夏，广西近岸未达到一类海水水质标准的海域面积虽有减少，但劣于第四类水质的海域面积明显增加。

不合理的海岸建筑物也是影响海滩可持续发展的重要因子之一。不科学合理的海岸建筑物往往因为改变海水原动力而加剧海水对海岸的侵蚀强度。经过科学论证的人工护岸工程能够减缓海水对海岸的侵蚀程度。此外，滨海旅游的开发与建设过程中在海岸带建设过于密集的旅游设施及不科学的建筑物，均会影响到海岸原水动力运动，甚至部分建筑已被海水动力破坏。如在沉积海岸的白浪滩旅游景区中，向海凸出的人工建筑物在海水冲击拍打的作用下，部分阶梯已被损坏

（黎树式等，2019）。

5.6.2.2　北部湾典型海滩概况

1. 自然海滩

（1）北海银滩。北海银滩位于北回归线以南，北部湾北部区域，海滩宽度在 30 ~ 3000m 之间，陆地面积 12km²，总面积约 38km²。具有亚热带向热带过渡性质的海洋性季风性气候的特点，降雨主要集中于 5 ~ 10 月。银滩潮波主要呈驻波性质，海区年平均波高约 0.9m，冬季以北向浪为主，夏季主要是西南向浪。海岸潮汐为正规全日潮，潮差较大，多年平均潮差为 2.46m，极值情况下最大潮差为 5.36m，为典型中强潮型砂滩（黎树式等，2017a）。潮汐涨落引起波浪进、退流作用在海床泥沙活动的范围出现差异，同时往复潮流向湾内输沙，导致银滩由海向陆淤积现象逐渐明显。此外，由于银滩所处位置，夏秋季受热带气旋影响大，气旋路径和风暴增水等对银滩冲淤影响显著，造成银滩大范围侵蚀（黄祖明等，2021）。

（2）东兴金滩。东兴金滩位于广西防城港市，北依大陆，南面北部湾，东为珍珠湾，西临中越界河北仑河口。金滩岸滩长约 78km，滩前有涨落潮流分汇现象，分汇流点随潮汐强度位置有所变化。南向波浪无掩护，滩面泥沙以细砂为主，存在少量淤泥，所在海域大小潮潮差较显著，累积频率为 10%、90% 的潮差分别约 36m、0.5m。潮间带宽，当地理论最低潮面下 2m 以浅，坡度约 1/1200。沙呈金黄色，是集阳光沙滩、海水于一体的天然海滨浴场，也是金滩旅游岛开发的重要依托资源（郭雅琼等，2015）。

（3）防城港白浪滩。白浪滩位于防城港市江山半岛东北部，因海浪在平坦宽阔的沙滩上形成层层叠叠的白浪而得名；白浪滩最低潮位沙滩最大宽度达 2.8km，长 6km。

（4）钦州犀丽湾。犀丽湾，地处广西钦州市犀牛脚镇，东毗三娘湾 4A 景区、西邻广西自贸区钦州港片区、北承犀牛脚镇区、南接钦州湾，面积约 628 亩（1 亩 ≈ 666.67m²），有 2.8km 长的弧形天然沙滩。

2. 人工海滩

（1）钦州沙井半岛人工海滩。沙井半岛人工海滩是钦州市政府对茅尾海沙井岛沙滩的一个修复工程，形成了 1.2km 的人造沙滩岸线。该海滩的建设，改善了海岸景观环境，既维持了海滩环境稳定又促进了钦州市滨海旅游业的发展。

（2）钦州三娘湾海滩。钦州三娘湾地处广西南部钦州湾，拥有"中华白海豚故乡"的美誉，是广西沿海"金三角"的中心，具有沿海和沿边的双重区位优势。随着近年滨海旅游的发展及钦州湾产业的聚集，三娘湾旅游度假区东侧，海岸线 5 年后退了 13m 多，形成侵蚀陡崖高 6.25m（陈宪云等，2013）。

（3）防城港西湾沙滩。防城港西湾沙滩位于西湾跨海大桥至西湾旅游码头之间，沙滩总长 2.4km。

（4）北海海景大道海滩。北海海景大道东起合浦县烟楼村，环北海半岛至西区大冠沙，全长 51km（吴金勇，2006）。

5.6.3 北部湾典型海滩动力沉积地貌研究

北部湾海岸地区砂质海岸发育较多天然的海滩，同时为了经济社会发展的需要，沿海几个城市也都开展了人工沙滩的建设。本节将介绍北部湾典型自然海滩——北海银滩和典型人工海滩——沙井半岛人工海滩的动力沉积地貌研究成果（黎树式等，2017a；冯炳斌等，2021）。

5.6.3.1 北海银滩响应台风作用的动力沉积过程

研究台风影响下的海滩沉积过程不仅可加深极端海况下的海滩冲淤变化理解，而且有利于海滩资源的保护与海岸工程保护。以强潮海滩——北海银滩为例，通过采集北部湾海区 1409 号威马逊超强台风作用前后的沉积物、剖面高程及水文资料，探讨强潮海滩的动力沉积过程。结果表明：①台风作用前后的海滩沙丘-滩肩-沙坝体系的地貌状态基本不变，其中沉积物组分均为砂，细砂、极细砂和中砂三组分平均含量占所有组分的 95% 以上；与台风作用前比较，台风后的地貌在维持先前形态的条件下，发生局部侵蚀和后退，沉积物相对变粗且细砂含量增加了 10%。②台风作用后后滨沙丘侵蚀，且沉积物滚动组分增加；冲流带和滩肩前缘沉积物的搬运由双跳跃转为单一的跳跃形式。③台风作用前后的海滩沉积物主要变化过程可由两个模态表征，其中主要模式反映了台风作用前后的海滩以细砂为主的动力沉积变化特征，该模式受控于区域波浪和潮汐的长期耦合作用，并以波浪为主导因素。台风作用前的次要模式反映潮汐作用控制下的海滩沉积横向振荡特征；台风作用后的次要模式表征了台风影响下的海滩横向沉积物偏粗、冲流带-低潮带振荡及其沉积分异过程。相关图件见图 5-10、图 5-11。

5.6.3.2 钦州沙井半岛人工海滩剖面变化过程

波浪和潮汐作用下的海滩剖面动态变化过程是理解海岸演变及沿海防护工程设计与旅游资源规划的核心内容。以广西钦州沙井半岛人工海滩为研究区，基于 GPS-RTK 采集区域 2018 年 1 月至 2019 年 12 月两年逐月剖面高程实测数据，通过分析剖面冲淤、单宽体积以及利用 EOF 函数（empirical orthogonal function，经

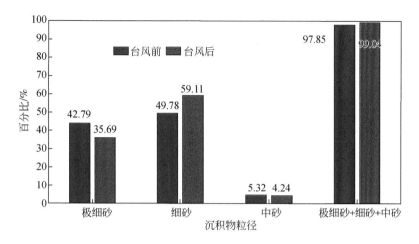

图 5-10　台风作用前后沉积物粒径变化（黎树式等，2017a）

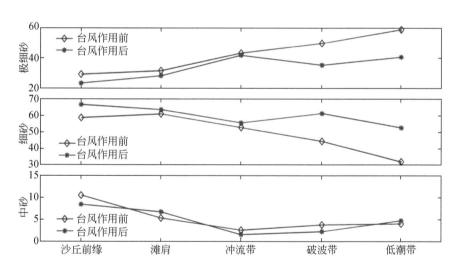

图 5-11　银滩剖面五带代表组分台风作用前后变化（黎树式等，2017a）

验正交函数）揭示剖面高程变化模式以研究海滩剖面动态过程。主要结果表明：①在观测期间，人工海滩剖面冲淤整体展现冬春季度淤积、夏秋季度侵蚀的变化特征；②人工海滩剖面因泥沙横向输移而产生不同横向分带的单宽体积变化趋势的差异性，不同横向分带具有侵蚀与淤积交替出现的情况；③人工海滩剖面变化模式可划分为由强降雨及台风导致剖面高程明显降低的主要模式、波潮影响下的剖面高程经历强降雨及台风后逐渐淤积恢复的次要模式、波浪破碎形成卷流引起滩面冲淤变化的其他模式。相关图件见图 5-12、图 5-13。

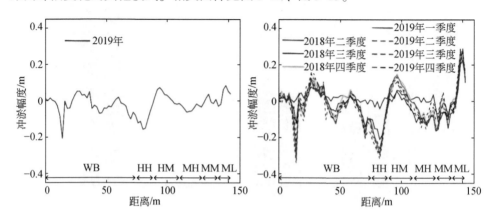

图 5-12　2018～2019 年际与季度剖面冲淤幅度（冯炳斌等，2021）

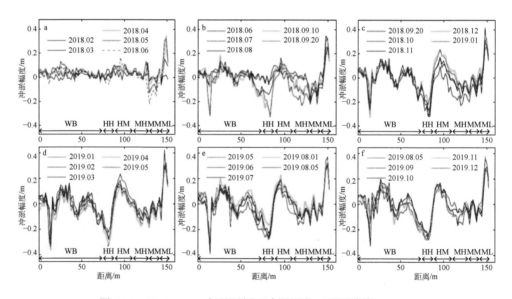

图 5-13　2018～2019 年月际剖面冲淤幅度（冯炳斌等，2021）

第6章 广西北部湾河口生物多样性

广西是我国西南地区重要的生态屏障，生物多样性居全国第三位，在国家生态安全和生态文明建设战略格局中具有重要地位。广西北部湾河口海岸地区属于热带和亚热带，光热充足、雨量充沛，地质地貌复杂，河流众多，为各类生态系统的形成和生物物种的发生发展提供了优越的条件。本章着重介绍北部湾河口海岸地区典型生态系统——红树林和标志性生物——中华白海豚、鲎和儒艮。

6.1 红树林——海岸卫士

红树林是指分布在沿海潮间带和入海河口以红树科植物为主体的常绿灌木或者乔木组成的潮滩湿地木本植物群落，具有消浪护堤、保护渔业资源、净化海水、固碳储碳、改善海岸景观等多种重要生态功能，被称为"海岸卫士"和"消浪先锋"，对于保护生物多样性、抵御海洋自然灾害、改善沿海生态环境具有十分重要的作用。本节主要介绍北部湾红树林的历史变迁、分布现状、特点、威胁因素、存在问题和保护措施，资料主要来源于《广西红树林资源保护规划（2020—2030年）》。

6.1.1 红树林分布历史变迁

自古以来，广西北部湾沿海一直是我国红树林的重要分布区。英罗港、丹兜海、铁山港、廉州湾、大风江、茅尾海、东西湾、珍珠湾、北仑河口等海湾与河口是红树林的主要分布区域。据研究，清代中后期广西分布有红树林约 2.4 万 hm^2，至新中国成立初期仍有 1.1 万~1.5 万 hm^2。此后，红树林资源大致经历了先减后增的变化过程。20 世纪六七十年代，广西红树林面积为 9063hm^2，1990 年有 7430hm^2，2001 年有 7015hm^2，2007 年下降到 6743hm^2。此后，各级政府加大了对红树林的保护力度，天然红树林得以休养生息和自然恢复，同时通过实施造林和人工修复，红树林面积稳步增加。至 2011 年第二次全国湿地资源调查期间，广西有红树林 8780.73hm^2。

广西红树林人工造林始于 1956 年，至 2001 年累计营造红树林约 1100hm^2。2001 年后，广西启动了较大规模的人工造林，2002~2007 年累计营造红树林 2651.5hm^2。2011 年以来，广西营造红树林 607.8hm^2，成林约 330.6hm^2。

6.1.2　红树林分布现状

根据 2019 年 4 月自然资源部、国家林业和草原局联合组织的红树林资源和适宜恢复地专项调查结果，广西红树林总面积 9330.34hm²，其中，4115.57hm²（44.11%）位于自然保护地（包括自然保护区，海洋公园、湿地公园等自然公园，不含红树林保护区，下同）内，5214.77hm²（55.89%）位于自然保护地外。

（1）北海市。北海市现有红树林 4192.78hm²，占全区的 44.94%。其中，1067.76hm²（25.47%）位于自然保护地内，3125.02hm²（74.53%）位于自然保护地外。按土地类型分：乔木林地 123.85hm²，占 2.95%；灌木林地 4020.52hm²，占 95.89%；未成林造林地 48.41hm²，占 1.15%。按行政区域分：海城区 31.89hm²，占 0.76%；银海区 373.72hm²，占 8.91%；铁山港区 38.82hm²，占 0.93%；合浦县 3748.36hm²，占 89.40%。

（2）钦州市。钦州市现有红树林 3078.73hm²，仅分布于钦南区，占全区的 32.99%。其中，1997.85hm²（64.89%）位于自然保护地内，1080.88hm²（35.11%）位于自然保护地外。按土地类型分：乔木林地 46.72hm²，占 1.52%；灌木林地 3032.02hm²，占 98.48%。

（3）防城港市。防城港市现有红树林 2058.83hm²，占全区的 22.07%。其中，1049.96hm²（51.00%）位于自然保护地内，1008.87hm²（49.00%）位于自然保护地外。按土地类型分：乔木林地 111.68hm²，占 5.42%；灌木林地 1947.15hm²，占 94.58%。按行政区域分：港口区 696.89hm²，占 33.85%；防城区 479.13hm²，占 23.27%；东兴市 882.81hm²，占 42.88%。

6.1.3　红树林特点

（1）面积较大。广西是我国红树林的重要分布区，红树林面积占全国的 32.7%，仅次于广东省（1.22 万 hm²），位居全国第二。

（2）种类丰富。广西分布有真红树植物 12 种（含 2 种外来种），占全国种数的 44%，另有半红树植物 8 种。分布面积较大的树种是白骨壤（3312.36hm²，占 35.50%）、秋茄（2664.94hm²，占 28.56%）和桐花树（2135.30hm²，占 22.89%），占红树林总面积的 86.95%。

（3）类型多样。合浦廉州湾、钦州茅尾海、防城港珍珠湾等地分布有典型的河口红树林，钦州龙门七十二泾分布有独特的岛群红树林，合浦县山口镇英罗港分布有全国连片面积最大的天然红海榄林，北海市金海湾分布有我国面积最大的城市红树林和沙生红树林。

（4）天然林占优势。天然红树林面积 8381.40hm²，占 89.83%；人工红树林 948.94hm²，占 10.17%。人工红树林主要分布在茅尾海、廉州湾、珍珠湾等地，其中茅尾海区域人工红树林面积达 897.4hm²。

（5）以灌木林为主。广西接近全球红树林自然分布的北缘，红树林多呈灌木状，其中灌木林 8999.69hm²，占 96.46%，乔木林仅 282.24hm²。

（6）绝大部分为国有林。国有土地上的红树林 8930.50hm²，占 95.71%；集体土地上的红树林 399.84hm²，占 4.29%，主要分布在北海市合浦县。

6.1.4　红树林受威胁因素

自然因素方面，主要受到病虫害、污损生物、外来物种和环境胁迫等自然因素的威胁。人为因素方面主要受到的威胁有：①沿海开发建设导致红树林面积缩减；②围填海活动造成红树林区水动力条件改变；③过度利用导致红树林生态系统生物多样性下降；④海区污染引发红树林敌害生物泛滥；⑤海堤建设阻断红树林响应气候变化的迁移。

6.1.5　红树林保护存在的主要问题

多年来，广西采取积极措施，持续开展恢复造林，不断加大红树林保护力度，取得了一定成效，但红树林保护修复还面临以下八个亟待解决的问题与困难：①红树林生态系统退化趋势未能明显扭转；②外来物种蔓延趋势未能有效遏制；③保护与利用矛盾依然突出；④保护管理能力有待加强；⑤红树林宜林滩涂日趋稀缺；⑥实施退塘还林困难重重；⑦造林修复资金缺口巨大；⑧技术和种苗保障能力不足。

6.1.6　红树林保护措施

1. 完善红树林保护政策法规

近年来，广西先后颁布了《广西壮族自治区湿地保护条例》《广西壮族自治区红树林资源保护条例》《广西壮族自治区山口红树林生态自然保护区和北仑河口国家级自然保护区管理办法》，实现了红树林的保护和管理有专业法规可依，使红树林保护和管理逐步走向规范化和法治化。2019 年 4 月《广西壮族自治区人民政府关于加强滨海湿地保护严格管控围填海的实施意见》出台，明确要全面落实严控围填海政策，有效遏制了围填海活动对红树林的潜在威胁。

2. 实施红树林湿地保护与恢复工程

2002～2007 年，广西累计新种植红树林面积 2651.5hm²。2011 年以来，共种植红树林 607.8hm²，成林约 330.6hm²。通过种植和修复红树林，扩大了红树林面积，自2007年起，实现红树林面积逐年增加，红树林湿地生物多样性得到一定程度的恢复。

3. 科技创新促进红树林生态恢复

广西红树林研究中心、广西海洋研究院、广西大学、广西师范大学、北部湾大学、广西林业科学研究院、钦州市林业科学研究所、北海市防护林场等高校及科研机构在红树林生态系统、生物多样性保护、生态修复、种苗繁育、病虫害防治等方面开展了卓有成效的研究和探索，为红树林保护、恢复与合理利用提供技术支撑。广西红树林研究中心原创了"地埋管道红树林原位生态养殖系统"，在全球首次实现不砍不围红树林进行生态养殖的目标；概念设计并监造了我国第一条"生态海堤"，得到中央领导的肯定并指示推广；首次提出并初步建设的"虾塘红树林生态农场"入选履行《生物多样性公约》中国四大成功案例。

4. 加强红树林就地保护

1990年以来，广西先后在红树林的集中分布区建立国家级自然保护区2处、自治区级自然保护区1处、国家湿地公园1处。截至2019年末，纳入各类自然保护地内的红树林面积4115.57hm²，占全区红树林总面积的44.11%。北海市创新红树林保护形式，在廉州湾建立了红树林保护小区6处，将158.6hm²红树林纳入保护范围。

5. 加强红树林良种选育、病虫害防治及科研监测

重点加强保护区和国家湿地公园的科研监测以及红树林害虫和外来有害生物监测防控，开展红树林良种繁育研究，在北海市防护林场建立自治区级红树林良种繁育基地1处，选育了一批桐花树、白骨壤的良种。2014年10月，国家林业局批复同意建设广西北海湿地生态系统定位研究站，由北海市防护林场实施，开展以红树林为主的定位观测研究。

6. 加强执法检查

近年来，北海市、钦州市和防城港市等沿海三市结合森林督查，利用影像变化图斑，积极查处非法侵占红树林地和破坏红树林森林资源行为。2017~2018年，钦州市森林公安立案共11起，涉及红树林面积18.13hm²，其中移送起诉5人。

7. 加强红树林湿地保护宣传

充分利用世界湿地日、海洋日、地球日、野生动植物保护月、爱鸟周、植树节等节庆日开展宣传活动，向群众宣传海洋环境保护法律法规和保护红树林的重要意义，提升社会各界保护红树林的法律意识和自觉性。

6.1.7　北部湾典型河口红树林研究案例——南流江三角洲红树林空间布局与时空变化

6.1.7.1　南流江三角洲红树林空间分布格局

生长在潮间带的红树植物在河口植物群落构成、海岸防风消浪中具有重要价值。基于本地种桐花树胚胎浸泡下沉实验与北部湾南流江和大风江河口段水体盐度、沿线潮间带植物群落结构与地貌分析，探讨红树林在河口空间分布及影响因素。结果表明：南流江河口和大风江河口红树林自海向陆基本呈现"红树林纯林（桐花树、秋茄、无瓣海桑种类混生）→红树植物与半红树植物（黄槿、苦朗等）混生→红树植物、半红树植物与非红树植物混生→红树植物镶嵌→稀疏红树林小苗"的分布格局，但大风江河口向陆界线以红树、红树幼苗及半红树混生为主。此外，红树被浸淹时长是控制河口红树空间分布结构的主要因素。潮水上溯时长影响红树向陆生长的极限位置，宜林滩地是红树发育生长的必要条件（王日明等，2020），如图6-1所示。

6.1.7.2　南流江河口三角洲红树林时空变化特征

由于自然因素的变化和强烈的非生物源干扰，世界各地河口和三角洲沿岸的许多红树林正在经历无法弥补的损失。龙楚琪等根据1986～2020年间的一系列沉积物数据和遥感图像，分析了南流江三角洲红树林的时空变化特征（Long et al.，2022）。其研究结果表明，尽管1998年之前三角洲西部陆缘出现了快速下降，南流江三角洲的红树林总面积后来不断递增。在南流江三角洲东部，红树林已经向外扩展到海洋，三角洲裸露潮滩的长期水平向海扩张为潜在的红树林再生创造了新的场所。此外，该区域海平面上升平均每年0.2mm，河流沉积物供应下降86%，均不会造成红树林的扩张和局部损失。该区域潮流和波浪的组合将足够的河口沉积物输送到东北部进入三角洲，为红树林潮滩的沉积提供重要的沉积物物质。研究还显示，红树林的破坏和损失主要为当地居民所致，可贵的是当地政府实施了红树林生态恢复工程且收到显著的社会效益（图6-2）。

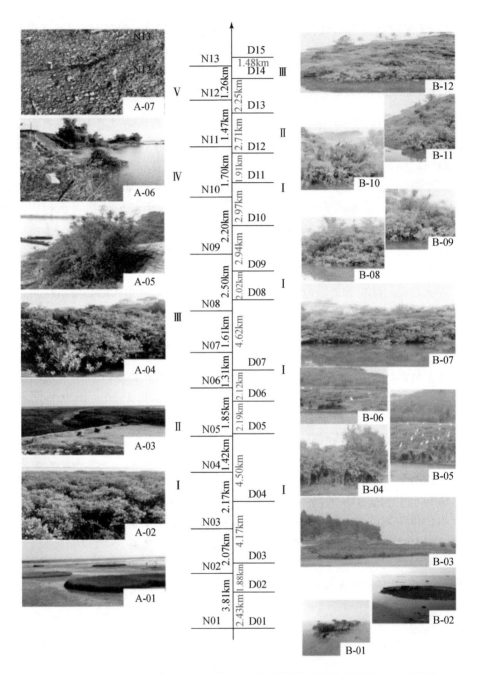

图6-1　南流江河口段（A）和大风江河口段（B）红树植物空间分布特征（王日明等，2020）

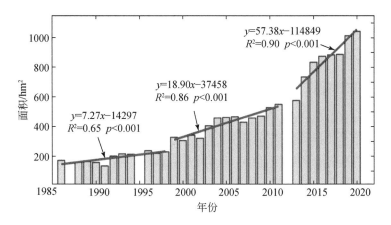

图6-2 1986~2020年南流江三角洲红树林面积变化（Long et al., 2022）

6.2 中华白海豚——海上大熊猫

6.2.1 中华白海豚简介

中华白海豚（*Sousa chinensis*）为一种分布于从印度东北部沿海起，经中国东南沿海至整个东南亚海域的河口和近岸海域的小型豚类，该物种被列为国家一级保护动物，自2008年起，被世界自然保护联盟濒危物种红色名录（IUCN Red List of Threatened Species）列为近危（near threatened，NT）物种，最近其濒危级别被调整为易危（vulnerable，VU）（Jefferson and Smith, 2016）。白海豚是我国一级保护动物，属于暖水性鲸豚类，隶属于鲸目齿鲸亚目海豚科，具备典型海豚科动物的外观形态和内部结构：身体呈流线型，嘴喙细长突出，初生体长约1m，体重约10kg；成年体长约2.2~2.5m，体重约150~230kg，寿命可达35~40岁。

6.2.2 栖息环境与地理分布

中华白海豚很少进入深度超过25m的海域，主要栖息地为红树林水道、海湾、热带河流三角洲或沿岸的咸水中。中华白海豚喜欢栖息在亚热带海区的河口咸淡水交汇水域，在澳大利亚北部、非洲印度洋沿岸、东南亚太平洋沿岸均有分布。

中国的中华白海豚主要分布于东部、南部沿海的江河入海口周边和近岸海域，有时也会进入江河。目前已经报道的主要分布区有5处，分别是福建沿海

（含厦门、宁德、泉州湾和东山湾）、台湾西海岸、珠江口（包括香港及珠江河口西部，如江门）、雷州湾（湛江周边）和广西沿海（含三娘湾、合浦等）（Chen et al.，2009）。

6.2.3 中华白海豚在广西

广西沿海有多条江河入海，如合浦县的铁沙河和白沙河，三娘湾的大风江，北海的南流江，钦州湾的鹿耳环江和金鼓江，钦州茅尾海的钦江、大榄江和茅岭江，导致广西沿海水质咸淡适中，适合中华白海豚生活（Chen et al.，2009）。

中华白海豚在广西三娘湾海域的活动范围相对集中，主要活动区西至三娘湾西南大庙墩附近，南至三娘湾南部近大风江口雷公沙南端、北至大风江口外沿、东至大风江口东岸西场镇南部海域，东西跨度约 21.2km，南北跨度约 9.6km，面积约 220km^2。与早先研究结果相比，中华白海豚分布区有南移和东移的趋势，迁移规律为：向南迁出三娘湾湾口，向东移至大风江口南侧及东侧海域。近年来，钦州湾东海岸各类工厂的建设以及近三娘湾海域的填海造陆工程可能是导致分布区变动的胁迫因素。2010～2015 年间，通过照片识别法和标志重捕法对三娘湾海域生活的中华白海豚种群的数量特征进行了统计分析，结果发现照片识别累计识别了 158 头中华白海豚个体，其中年轻个体占总个体数的六成以上。从现有文献和数据来看，三娘湾海域中华白海豚的种群数量在持续增长（闫士华，2016）。

2005 年，钦州临海工业进入飞速发展的时期，潘文石带领着科研团队在三娘湾成立了北京大学钦州湾中华白海豚研究基地，致力于白海豚的研究和保护。随后，北部湾大学（原钦州学院）开始组建团队，建立中华白海豚教学和科研基地。

6.2.4 中华白海豚的保护

韦萍（2014）建议从以下五个方面对中华白海豚进行有效保护：①明确中华白海豚海洋生态保护中政府战略决策行为的生态责任，主要做好实施海洋环境战略规划和设立白海豚庇护区域两方面工作；②加大中华白海豚海洋生态保护中政府监督管理行为的执行力度，主要从建立健全行政管理体制、严格控制海水养殖污染、严厉打击非法养殖和捕捞行为、修复近海海洋生物栖息地和渔场、加强环境保护与基础设施建设等方面努力；③推进实施中华白海豚海洋生态保护中政府兼顾协调行为的长效机制，比如完善环保大协调机制和落实经济主体的海洋生态保护责任制；④发挥中华白海豚海洋生态保护中政府提供服务行为的引导作用，比如加强科研合作与交流、拓宽公众监督政府对中华白海豚海洋生态保护行为的途径等。

6.3 鲎——海洋活化石

6.3.1 鲎的简介

鲎（hòu），是一种古老的海洋动物，目前发现最远古的鲎化石可追溯至四亿年前的奥陶纪，比恐龙出现的三叠纪更早，加上鲎的形态从四亿多年前演化至今并未出现巨大的变化，因此鲎也被称为海洋"活化石"。世界自然保护联盟（International Union for Conservation of Nature，IUCN）世界自然保护大会（World Conservation Congress）在 2012 年通过了一项有关保护亚太区三种鲎的提议，提出"鲎是维持生态系统正常运作的重要生物资源""鲎具文化象征的意义""鲎是需要持续管理的自然资源"，并认为亚洲各国正面临鲎种群数量严重下滑的趋势。

（1）物种分类。世界现存的鲎仅有四种：中国鲎、圆尾蝎鲎、南方鲎和美洲鲎。我国海域存在中国鲎和圆尾蝎鲎的自然分布。中国鲎（*Tachypleus tridentatus*），也称三棘鲎、中华鲎，是世界现存的四种鲎中体型最大的，身体长度可达 70cm，体重达 3.6kg。中国鲎在 2019 年被世界自然保护联盟（IUCN）列为濒危物种，2021 年被列为国家重点二级保护野生动物。圆尾蝎鲎（*Carcinoscorpius rotundicauda*），在广西也称鬼鲎，是世界现存的四种鲎中体型最小的，身体平均长度为 30cm，平均体重为 0.2 ~ 0.5kg，含河鲀毒素，可引起急性食物中毒。圆尾蝎鲎目前是国家重点二级保护野生动物。

（2）形态特征。鲎外部形态主要分成头胸甲、腹甲和剑尾三个部分，头胸甲前段两侧有一对复眼，腹甲边缘有棘。腹部有六对附肢，第一对为螯肢，用来捕捉食物。口在螯肢的下方，书鳃呈叶片状，在腹部下方被生殖盖板覆盖，翻开生殖盖板基部有一对生殖孔。

（3）生活习性。鲎的生长周期长，以中国鲎为例，从受精卵发育至成体需 8 ~ 10 年的时间。成鲎生活在近海或河口浅海区域，每年繁殖季节 4 ~ 9 月时，雄鲎会抱在雌鲎的腹甲，成双成对地上岸挖巢产卵。待卵孵化后，幼鲎会在潮间带觅食成长至亚成体才回到浅海区。

（4）医用价值。鲎血含铜离子，与空气接触后会转变成蓝色。鲎血细胞中的溶解物接触微量细菌内毒素和真菌葡聚糖后会成凝固状，可制成一种称为"鲎试剂"的生物试剂，用于细菌内毒素和真菌葡聚糖的快速检测。根据《中国药典》，采用鲎试剂检测细菌内毒素的注射药品达 300 余种，每年中国需生产 1000 余万支（0.1mL）。

6.3.2 中国鲎的地理分布和种群现状

以下内容摘自《全球中华鲎资源保护现状及对策建议》（朱俊华等，2020）。

1. 地理分布

中华鲎的自然地理分布范围相当狭窄，仅局限于太平洋西岸，自日本濑户内海开始，沿我国浙江、福建、广东、广西、海南、香港和台湾沿岸，南至印度尼西亚爪哇岛北岸以北、苏门答腊岛印度洋东侧的海域。相对于东南亚沿岸，中华鲎在中国东岸和日本南部海域的历史分布较广、产量较高。

2. 种群现状

早在20世纪70年代，中华鲎广泛分布于中国的东南部沿海，是一种"随手可及"的海洋生物，但随后的系统调查数据显示中华鲎资源出现了显著的衰退。珠江口以北的海域已多年未见中华鲎上岸产卵；福建平潭的中华鲎数量由1954年的日产量1000对下降至2002年的4对；中华鲎曾经广泛存在于我国台湾岛西海岸、澎湖群岛和金门岛，种群密度高，但自20世纪60年代以来，其在台湾岛西海岸出现区域性灭绝，仅在金门岛有数量稀少的幼鲎；广东省仅南部海域存有少量的中华鲎资源，香港海域潮间带上的中华鲎幼体种群在2002~2009年的7年间数量减少了九成，据2012年和2014年的鲎幼体资源分布调查，目前香港仅有后海湾和东涌湾沿岸存在小而分散的中华鲎幼体种群，并且低龄的幼鲎相对较少，表明这些幼鲎种群较脆弱，局部灭绝的可能性高。

最早研究中华鲎的学者光口晃一曾在他的《中国鲎生物学》（*Biology of Horseshoe Crab*）专著中提到北部湾是中华鲎最理想的栖息地，同时国内外专家在20世纪80年代都曾在北部湾的北海沿岸滩涂见到成群的中华鲎上岸产卵，场面壮观，因此北部湾连同周边的雷州湾及海南附近海域被认为是中华鲎在全球种群资源密度较高的"净土"。即便如此，北部湾的中华鲎数量仍从20世纪90年代每年约60万对骤降为2010年的约30万对。2015年对广西北部湾地区30个沿海乡镇和村庄400名受访者的调查数据表明，95%的受访者认为北部湾海域在2011~2016年间中华鲎的产量明显比之前少，相比20世纪90年代的日均捕获量50~1000只，2011~2016年间渔民每日仅能捕获0~30只，且曾见中华鲎上岸产卵的受访者年龄显著高于未见过的，表明近30年来中华鲎资源发生了严重衰退。

20世纪50年代以来，日本各地的中华鲎种群数量也在急剧减少。濑户内海的所有海岸都曾有丰富的中华鲎资源，但至2003年几乎已经灭绝，2006年中华鲎在日本被评估为极危（CR）。1990~2007年间，越南的中华鲎数量和分布面积均下降了50%，收获产量下降了20%，2007年中华鲎在越南被评为易危（VU）。

马来西亚和印度尼西亚对中华鲎种群的系统研究起步较晚，尚未对中华鲎进行濒危等级评估。目前马来西亚仅报道了婆罗洲东北部沙巴的中华鲎种群，而印度尼西亚爪哇岛北部海岸的渔民走访调查数据表明当地中华鲎的捕获量正在下降。2019 年 3 月，中华鲎在世界自然保护联盟濒危物种红色名录中的濒危等级从原来的数据缺乏（DD）变更为濒危，明确了中华鲎资源正呈现全球性衰退的状态。

6.3.3　中国鲎种群威胁的识别

以下内容摘自《全球中华鲎资源保护现状及对策建议》（朱俊华等，2020）。

1. 生境破坏

中华鲎生活史各阶段（如卵胚胎、幼体和成体）的生长发育都对水文、地貌、水温等环境特征要求较高，所需生境类型有从浅滩高潮线附近的产卵生境、潮间带的幼体栖息地到潮下带浅海区域的觅食生境等，且不同生境的紧密连接对于其不同生命阶段的生长发育至关重要。潮间带沉积物中的叶绿素 a 与总有机碳含量可能是决定幼鲎密度与生长的重要因素，而盐度、温度和溶解氧等会直接对鲎胚胎发育和幼体生长产生影响。从沉积环境而言，沉积物的颗粒组成会影响中华鲎幼体的分布，滩涂坡角会影响幼鲎不同生长阶段在滩涂的分布，且高密度的鲎幼体集中在红树林外缘、潮沟出水口附近或海草床附近。

海洋经济发展使鲎的栖息地很容易遭到海岸带围垦、沿海基础设施建设、海砂抽取、海水养殖等活动的影响。在日本和中国沿海地区，填海项目和海岸基础设施的建设都造成其栖息地的直接丧失。海砂抽取被认为是中国东南沿海与越南之间的中华鲎产卵生境退化的重要原因。在越南，海洋和沿海水域支撑着大约2000 万人的生计，大面积的潮间带被建成蛤蜊池塘，潮间带红树林和海草生态系统的质量持续下降，逐步产生"沿海荒漠化"问题。在日本，水环境污染直接影响中华鲎卵和胚胎发育，间接减少潮间带底栖生物量，导致当地中华鲎种群数量减少或消失。此外，海平面和水温的升高正逐步地影响中华鲎种群的繁衍，海平面的上升将大大减少产卵地的面积，而沿岸城市化加快了这些栖息地消失的速度。例如，2016 年 1 ~ 8 月间在日本北九州滩涂发现了 490 只中华鲎死亡，为历年来最高，根据福冈渔业和海洋技术研究中心的水温监测数据，2016 年 5 ~ 8 月间该海域的水温比历年高出 0.9 ~ 1.6℃。

2. 过度捕捞

中华鲎由于具有重要的医用和食用价值而遭到人类过度捕捞和任意捕杀，从而导致其种群资源急剧下降。在现代食品药品行业中，鲎的重要经济价值体现在从其变形细胞提取一种能与内毒素迅速形成凝胶的鲎试剂，并已被广泛应用于生物学、医学研究、药学及环境卫生学中的痕量内毒素的检测，具有灵敏、快速、简便、经济、重复性好的特点。目前鲎试剂主要从美洲鲎和中华鲎的血液中提取，利用基因工程手段生产鲎试剂还没有实现真正的产业化与普及化。有资料显示在亚洲大部分地区提取鲎血采用的是不可持续的做法，即捕杀中华鲎活体而采集全部血液，而在美国仅允许抽取鲎部分血液，且需在 72h 内放归捕捞海域。在我国厦门、湛江等地有一定规模的鲎试剂生产工厂。鲎试剂是《中国药典》中需采用内毒素检测的 300 多种注射药品的检测试剂。为满足市场需求每年需生产 1000 余万支（0.1 mL）鲎试剂，据此推测中国每年至少需要消耗 10 万对中华鲎。

　　野生动物的食用与消费一直以来是生物多样性的巨大威胁。在中国、越南、泰国和马来西亚等国的沿海城市，鲎在历史上是一道很受欢迎的菜肴，被普遍认为能提高人体的免疫力。据统计，广西沿海城市的海鲜餐厅一只约 3kg 的中华鲎价格从 1998 年的约 30 元上涨到 2018 年的 300 元。虽然早在 20 世纪 90 年代中国部分沿海省份已将中华鲎列入省级重点保护动物名录，但在高利润的驱使下，中华鲎渐渐从渔民饭桌常见的菜肴转变成沿海甚至内陆地区的高价"海鲜"。鲎的跨国走私贸易活动也开始萌芽，例如从越南进入我国广西、从马来西亚和印度尼西亚走私到泰国等，可见东盟各国的鲎资源已无法满足当地市场需求。其中，为食用鲎卵，雌鲎常常是重点捕捞对象，进而导致自然环境中鲎的雌雄比例失调，总产卵量持续降低。

6.3.4　鲎资源保护举措的反思与建议

　　以下内容摘自《全球中华鲎资源保护现状及对策建议》（朱俊华等，2020）。

1. 划定保护地不足以逆转中华鲎资源下降的趋势

　　海洋保护地的划定是为了避免人为因素干扰导致中华鲎繁育与觅食生境的直接丧失。我国的海洋保护地数量从 1990 年的 5 处增加至 2014 年的 249 处，但由于管理资金投入不足、执法力度低、管理体系复杂等因素的影响，许多保护地沦为有名无实的"纸上公园"。近 15 年来在保护地划定和野生动物法规的"护航"下，中华鲎种群资源仍呈持续下降趋势，保护效果极不理想。

　　一个切实有效的珍稀物种保护框架应包括系统评估、规划和公众参与等过程，可以概括为 STEPS 的 5 个方面，即 S（地点、物种、替代物）、T（威胁因素）、E（评估）、P（规划、政策）以及 S（公众意识、利益相关方态度）。而在中华鲎保护地的划定与实施过程中，STEPS 框架中的第一个 S 即种群具体分布位置、数量及趋势的本底数据几乎空白，大大阻碍了中华鲎保护规划和行动的有效实施。通过采集中华鲎成年种群数据建立有效的种群增长模型，是最直接的鲎种群评估方法，但传统的成鲎种群评估需依赖底拖网完成，成本高、人力和时间投入大，对底栖生态环境影响大。因此，中华鲎种群评估工作多以成鲎重要产卵生境和幼体栖息地替代成年种群数据来评估。我国广西北部湾、香港和台湾地区以及新加坡已开展系统的幼体种群调查，明确了亚洲 3 种鲎在该地区幼体栖息地的重要分布位置，调查了广西北部湾沿岸适合作为鲎幼体成长生境的 18 个滩涂，其中 14 个是中华鲎的幼体栖息地，有 6 个种群密度较香港高。但受限于幼鲎种群调查方法不同，其研究结果无法与中国台湾地区以及新加坡和菲律宾的幼鲎种群数据进行比对，各地的鲎科学工作者迫切需要制订统一和标准化的种群和环境基线监测指南。中华鲎的产卵、觅食生境的核心分布区在哪？这些生境的环境怎样？鲎苗是如何从高潮线扩散到红树林外缘，又如何移动到潮下带觅食？这些生物学和生态学信息的缺乏是中华鲎资源保护之路上的一大障碍。

2. 明确增殖放流对鲎资源的修复效果

通过人工大量培育中华鲎苗种并进行野外放流，是现今对中华鲎种质资源修复最重要且可靠的异地保护（ex-situ conservation）措施。目前最常见的放流方法为乘船到较深海域或在码头将中华鲎成体或苗种投入海中，苗种多为刚从胚胎孵化出来的 1 龄鲎，每只 1 龄鲎的竞标价从 0.8 元至 1.5 元不等。1 龄中华鲎体长约 10mm，个体太小导致标记难度过大，放流效果评估难以开展。胡梦红等（2013）初步尝试采用可视嵌入性荧光标记技术对 2 龄幼鲎进行标记放流，而 Kwan 等（2015）则将被动式追踪芯片嵌入 7～10 龄幼鲎以量化其在滩涂上的活动面积，但仍无法解决标记物的稳定性（易回捕）、持久性（不易脱落）和适应性（不对个体造成影响、能标记小个体）三大难题。幼鲎在 6 龄以前在自然环境下的自然死亡率高达 80%，再加上组织放流的单位对鲎幼体栖息地的位置与环境特征的认知有限，常导致放流成功但成效难以保障的现状。放流鲎成体也是不明智的，因为鲎生长周期 8～10 年，而目前人工养殖技术无法将苗种饲养至成体，所以成体都是从自然种群获取，除了非法贸易被收缴的或生产鲎试剂被抽血的鲎以外，不建议捕捞野生的鲎成体用作放流。

一个严谨的放流方案应包括合理的放流地点、时间及放流效果评估。我们建议在水温高于 20℃ 的海水退潮期间，在已知的中华鲎幼体生境滩涂上进行鲎苗放流；若附近海岸线已被破坏，可选择与已识别的中华鲎幼体栖息地特征类似的潮间带。高密度的幼鲎种群多集中在红树林外缘、潮沟出水口附近或海草床附近。若条件允许，建议选择自然死亡率较低的 6～7 龄幼鲎（头胸甲宽度 8～10mm）进行放流。同时也应考虑因长期养殖对种质的影响。有关政府部门可组织科研单位、公益组织和其他有关利益方一同开展放流活动，严格采取科学把关以保障放流效果，也可采用社区共管的方式增强市民的保护意识，以形成政府主导、公众参与的生动局面。

3. 加强科普教育和海洋野生动物保护法的宣传

珍稀物种保护工作的成败很大程度上取决于公众意识和利益相关方的态度，

即 STEPS 框架最后的 S。我国福建、广东、广西、香港和台湾地区开展了一系列科普宣教活动，如"七夕海峡两岸中华鲎保育日""马蹄蟹校园保姆计划""不吃鲎消费倡导活动""水生野生动物保护宣传月活动""北部湾滨海湿地和鲎野外种群调查"等。2019 年第四届国际鲎科学与保护研讨会首次在我国广西召开，来自全球的 100 多名专家学者共同发布《全球鲎保护北部湾宣言》，并将每年的 6 月 20 日正式确定为"国际鲎保育日"，呼吁社会各界联动保护鲎资源。

科普活动需要公众长期参与，在情感上建立联系，才能有效改变环保态度、提升环保意识。例如，在"马蹄蟹校园保姆计划"中，参与的中学生负责幼鲎的饲养、为低年级学生或家长讲解鲎知识，夏天将幼鲎放归野外；在长时间的接触中与鲎建立了感情，能显著提升中学生的野生动物保护意识与行动力。在开展长期自然教育活动的同时，也应探索社区共管方式的可能性，如建立一套举报奖励机制，鼓励公众协助巡逻监管、渔民有偿参与鲎捕捞数据的收集、组建志愿者队伍定期在邻近海域开展幼鲎资源调查、提供社区鲎苗养殖技术支持并回购幼鲎进行增殖放流等。Plummer 和 Taylor（2004）发现，公众参与环境保护工作的主动性和积极性，很大程度上取决于有关政府部门是否提供社区参与的机会与机制。

鲎保护也可从食物安全的角度切入。据 2017 年广西北部湾沿岸市民的访谈资料可知，40% 的受访者知道圆尾鲎含河鲀毒素，食用后可引发急性食物中毒，但只有 59% 的受访者能正确辨认不同种类的鲎。2018 年 7 月广西防城港发生食鲎集体中毒事件后，有关部门加强了市场巡查，严禁售卖鲎，间接保护鲎的效果显著。

通过自然教育或公众科普宣教方式提升鲎保护意识的工作虽然取得了一定进展，但要改变整个社会的公众环境保护意识和态度所需周期还很长，在中华鲎资源急速下降的情况下应采用多种方式大力加强科普和海洋野生动物保护法宣传。海洋珍稀物种保护的成效，尤其是关注度不高的无脊椎生物，不仅需要扎实的种群生态学研究支撑，更取决于长期有效的管理规划以及公众积极正向的态度。政府部门、科研机构、环境宣教组织和其他利益相关方应加强联系、开展合作，多方位、多角度保障中华鲎资源的可持续利用与发展。

6.3.5　北部湾大学关杰耀团队研究进展

以下内容摘自《鲎是一类古老而顽强的生物，不该在我们的时代走向落寞》（关杰耀，2021）。

鲎有着出色的适应能力，在各自的分布区种群数量也一度比较可观（图 6-3）。然而在近 30 年来，随着人口膨胀，人类对海岸带的开发利用程度愈来愈高，全球范围内鲎的种群数量出现了快速下降，尤以中国鲎的情况最为严重。成年鲎生活在潮下带的浅海地带，要调查它们的种群数量是比较困难的，但通过对沿海渔民的访谈，我们可以从侧面了解中国鲎面临的威胁——2015 年，我们走访了广西北部湾沿海 30 个村庄近 400 位渔民。据他们回忆，在 20 世纪 90 年代，出海一次捕获的中国鲎数量平均近 1000 只，但在 2011～2016 年，这个数字下降到 30 只左右，有时甚至见不到鲎的影子。

图 6-3　北部湾典型鲎（关杰耀摄于 2021 年）

a. 圆尾鲎；b. 中国鲎

这个事实也反映出目前鲎保护所面临的困境——本底调查数据的缺失。尽管鲎是沿海人民非常熟悉的海洋生物，但在科学研究方面，沿海中国鲎的种群分布状况数据却非常缺乏。走访虽然可以反映鲎种群下降的趋势，但毕竟不是精确的科研数据。基本信息的缺失，既影响到鲎自然保护区的规划和建设，也让目前的人工放流幼鲎等保护措施事倍功半。为了解决不同国家地区调查方法不统一、科学数据无法进行比较的问题，世界自然保护联盟（IUCN）鲎专家组于 2020 年启动了"亚太区鲎观测站网络计划"，根据亚洲地区鲎生境特征构建了一套科学、有效的鲎资源监测体系，该计划已于 2021 年在中国试行，在福建厦门，广东湛江、香港，海南儋州、澄迈，广西北海、钦州、防城港等地共设 25 个鲎观测站点，由各地科研院校、海洋保护地和环境公益组织等携手推动，为未来鲎保护区的规划积累数据，提供理论支持。

过去一般认为幼鲎是比较挑食的，但经研究发现，它们的食性很广，在发育的各个阶段能根据生境中的食物丰度调整自己的食谱。同时，拥有红树林、海草、巨藻、互花米草等的多元生境对幼鲎的生长发育更有利。这就意味着，保护鲎的关键首先是从围海造陆、抽沙填海等海岸线开发工程中为它们"匀"出一块不受干扰的生境。从幼鲎成长为成年中国鲎需要 13～14 年的时间，目前人工繁育成年鲎还不太现实，只能培育幼鲎再进行人工放流。通过对幼鲎生态学的研究，建议将鲎的幼体人工孵化培育至 1 龄后，再放到螺、星虫等海产的养殖基地混养。待进一步生长发育后，在每年春末至秋初海水温度在 20℃ 以上时，于退潮在高潮带红树林外缘的滩涂附近放流，这将有利于提高幼鲎的存活率。

走过数亿年的鲎是一类古老而坚韧的物种，只要人类为它们留下合适的栖息地，让它们过上不受干扰的生活，它们的种群恢复就依然有希望。

6.4　儒艮——美人鱼

儒艮（*Dugong dugon*）嘴吻向下弯曲，其前端成为一个长有短密刚毛的吻盘。鼻孔位于吻端背面，具活瓣。尾叶水平位，其后缘中央有一缺刻。浆状的鳍肢无指甲。无鼻骨，前颌骨显著扩大并急剧地下弯，下颌骨联合部相应地延长并急剧地下弯。每侧上、下颌各有 3 枚前臼齿和 3 枚臼齿。

（1）地理分布。主要分布于西太平洋及印度洋，喜水质良好并有丰沛水生植物之海域，定时浮出海面换气。因雌性儒艮偶有怀抱幼崽于水面哺乳之习惯，故儒艮常被误认为"美人鱼"。自四千年前起，人类便开始对儒艮的捕杀，食肉榨油，骨可雕物，皮可制革，迄今儒艮数量已极为稀少。

（2）生活习性。儒艮为海生草食性兽类，其栖息地与水温、海流以及作为主要食品的海草分布有密切关系。多在距海岸 20m 左右的海草丛中出没，有时随潮水进入河口，取食后又随退潮回到海中，很少游向外海。

（3）广西合浦儒艮国家级自然保护区。保护区位于广西北海市合浦县境内，东起合浦县山口镇英罗港，西至沙田镇海域，海岸线全长 43km。保护区（$109°38'30'' \sim 109°44'00''$E 和 $109°38'30'' \sim 109°46'30''$E；$21°18'00'' \sim 21°30'00''$N）面积 350km²，其中核心区面积 132km²，实验区面积 108km²，缓冲区面积 110km²。1986 年经广西壮族自治区人民政府批准，建立自治区级儒艮自然保护区，1992 年晋升为国家级自然保护区（张宏科，2013）。保护区的保护对象为中华白海豚、儒艮和海草床生态系统等，2004 年后很少有儒艮的记录，保护区目前主要开展中华白海豚种群保护和海草床生态系统修复等工作（李秋慧等，2022）。

第7章　广西北部湾河口海岸自然资源可持续利用

广西北部湾河口海岸地区的资源丰富、环境良好，但随着经济社会的迅速发展面临诸多问题，需要处理好资源利用与环境保护的关系。

7.1　河口海岸资源概况

7.1.1　生物多样性资源

河口海岸地区是陆海交互地带，水热条件充足、地形地貌复杂，生物多样性资源丰富。本书第6章专门介绍北部湾河口海岸生物多样性，在此不赘述。

7.1.2　滨海旅游资源

广西北部湾滨海地区集陆地、海洋、半岛、岛屿为一体，具有宁静的海湾，优良的港口，丰富的资源，秀美的山水，在亚热带季风型海洋气候的影响下，展现出蓝（海洋）、红（火山地貌与红土地）、绿（植被）生机勃勃的生态环境。在人类不断占据和开发沿海地区的形势下，北部湾这块净土犹如凤毛麟角，是一个海碧、天蓝、空气清新的洁净海域。该地区雨量充沛，雨热同季，十分适宜林木生长，是我国红树林分布较集中的地区。

广西北部湾滨海地区自然风光与人文风情并茂，具有许多高品位的旅游资源，如北海银滩、北海涠洲岛、中华白海豚保护区、红树林保护区、海上丝绸之路等。资源类型多样，涵盖了跨国海湾、海岛海岸、边关风情、生态山水、民风民俗、历史文化等，形成了北部湾特有的"海"之神韵、"边"之神秘、"山"之神奇、"林"之清秀、"瀑"之神妙等景观特色，特别是品质优良的亚热带滨海沙滩和少数民族风情极富吸引力；组合优势明显，既有现代国际旅游所追求的"阳光、海水、沙滩、绿色、空气"五大要素，又兼具世界热门的"河流、港口、岛屿、气候、森林、动物、温泉、岩洞（峰林）、田园、风情"十大风景资源。资源特色鲜明，具有亚热带海滨风情、海岛风情、跨国海湾风情、中越边境风情、少数民族风情、历史文化风情等。

7.1.3　港口资源

北部湾河口海岸地区自然条件优越，区位优势明显，建设深水良港条件得天独厚。在 1919 年的《建国方略》中,孙中山把钦州港规划为我国南方第二大港。孙中山那时所提的钦州港就是钦州、防城港、北海三港,如今统称为北部湾港。广西于 2007 年 2 月 14 日对防城港务集团有限公司、钦州市港口(集团)有限责任公司、北海市北海港股份有限公司和广西沿海铁路股份有限公司的国有产权重组整合,成立了广西北部湾国际港务集团有限公司,主要进行港口建设及经营管理、地方铁路运输和公路运输等。广西壮族自治区人民政府 2011 年 3 月 19 日正式批准广西沿海防城港、钦州港、北海港统一使用"广西北部湾港"名称。

广西北部湾港地处华南经济圈、西南经济圈与东盟经济圈的结合部,属我国大西南便利的出海口,其航道可连通东南亚、中东、欧洲、非洲、大洋洲等世界各地,为我国内陆通往国际市场提供便捷的通道。

2021 年,广西北部湾港完成货物吞吐量 35821.8 万 t,位居全国沿海规模以上港口第 15 位,同比增长 21%,其中钦州港 16698.9 万 t,防城港 14800.3 万 t,北海港 4322.6 万 t;集装箱达到 601 万标箱,同比增长 19.1%。货物吞吐量和集装箱吞吐量均跃升至全国十强。

钦州港位于北部湾湾顶的钦州湾内,三面环陆,南面向海,区位优势突出,交通便捷发达,是我国西南主要出海通道中陆路运输距离最短的出海口。钦州港建港条件优越,后方陆域广阔,建港成本低,是国家重要港口,《广西南北钦防经济区域发展规划纲要》将其定位为广西临海工业港。钦州港规划码头岸线长86.08km,其中深水岸线长 54.49km,可建 1 万 ~ 30 万 t 级深水泊位约 200 个,可形成亿吨以上的吞吐能力。钦州湾为典型的溺谷型海湾,由内湾和外湾组成,内湾沿岸为低山丘陵环绕,湾口向南。内湾水域宽达 3km,水深为 15 ~ 28m,外湾水域呈喇叭形展布,形成东、中、西三条水道。

防城港位于广西北部湾北岸,地理位置和地缘条件得天独厚。港湾水深避风,三面环山,犹如内陆湖泊。航道短,水域、陆域宽阔,可利用岸线长。防城港是中国大陆海岸线最西南端的深水良港;是全国 25 个沿海主要港口之一,中国西部地区第一大港;是东进西出的桥头堡,西南地区走向世界的海上主门户;是连接中国—东盟、服务西部的物流大平台。

北海港地处北部湾北面,南流江入海口之南,北海半岛西端,是港湾航道畅通、港阔水深的天然良港。汉代,合浦是海上丝绸之路的启航点。北海港是一个以对外贸易为主的综合性港口。北海港是中国西南地区的重要出海口,广西沿海主要外贸港口之一。

7.1.4　海岛资源

广西有海岛 646 个,其中北海市 68 个,防城港市 284 个,钦州市 294 个,海岛总面积119.9km²（中国海域海岛地名图集，2014），有14个有居民海岛，2个乡镇级海岛，无县级海岛。根据《中国海域海岛标准名录（广西分册）》，广西海岛岸线长度622.495km，较先前调查的数据588.371km（冯守珍等，2010）增加了34.124km。目前广西沿海已开发利用的岸线资源有：渔蒲岛、筋沟墩岛、大新围岛、中间村岛，以及涠洲岛的部分岸线（刘晖等，2013）。比较典型的有涠洲岛、七星岛和麻蓝岛等。

涠洲岛位于北海市东南24n mile（1n mile≈1.85km）的北部湾海面上，西与越南相望，面积24.74km，是我国广西壮族自治区最大的海岛（曾杰，2018），同时也是我国最年轻的火山型岛屿及著名的旅游海岛。涠洲岛珊瑚礁主要分布于涠洲岛北面、东面、西南面，是广西沿海的唯一珊瑚礁群，也是广西近海海洋生态系统的重要组成部分。已探明的珊瑚分属26个属科、43个种类。珊瑚礁生态系统是南海区特色生态系统，具有高生物多样性、高生产力的特点，对维护生物多样性、维持渔业资源、保护海岸线以及吸引观光旅游有重要作用。2013年1月7日，广西壮族自治区海洋局收到国家海洋局批复，同意建立广西涠洲岛珊瑚礁国家级海洋公园。斜阳岛（张少峰等，2016）是北海市银海区涠洲镇斜阳村的一个海岛，位于涠洲岛东南方向约9n mile处，因从涠洲岛可观太阳斜照此岛的全景而得名，是由火山喷发堆凝形成，面积1.89km²，岛上风景优美（王宝增，2010），贝类珊瑚清晰可见，是天然的旅游岛屿。

七星岛处于北海市合浦县沙岗镇南流江出海口，距离北海市区约50km，属于近岸岛。七星岛全岛面积约3.13km²，环岛堤坝长约12km。七星岛最原始的状态是一个江心洲，由河漫滩相和河床相沉积而成，是心滩不断增大淤高而形成的海岛，因岛的形状似北斗七星座而得名。七星岛周围分布着生态价值极高的红树林，红树林面积约5000亩，生活着数以千计的各种海鸟，生物多样性丰富。在江底沙层蕴藏着南流江玉，该玉品相良好，色彩斑斓，深受玉石爱好者的喜爱。岛上保留了50间青砖瓦房，青砖和白线之间暗灰色和白色砖裂互相交织，具有丰富的美感。得益于岛屿周边海域水质良好，岛内湖泊、鱼塘广布，鱼、虾、蟹等种类丰富，岛民多以捕鱼、养殖为生（图7-1）。

七星岛岛民多以水产养殖为生，养殖面积达3500亩以上，其中海鹅、海鸭的养殖是一大特色，海鸭蛋远近闻名。七星海鸭蛋蛋白浓稠，蛋黄鲜红，营养价值高，在产蛋期间，基本上不使用药物，是名副其实的无公害产品。但目前海鸭养殖都以个体养殖为主，未形成大规模的养殖基地和专门的产业链。岛上外出务工的岛民有700余人，约占全村总人口的27.1%，年龄多在30~50岁。七星岛近十年来人均可支配收入呈上升趋势，经济发展现状良好，如图7-2所示。

麻蓝岛，又名麻蓝头，与本地的其他岛屿不同，其属于冲积岛，是钦州湾上

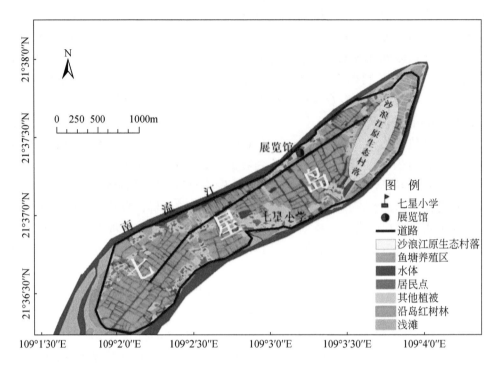

图 7-1　七星岛旅游资源分布图（李海菲等，2022）

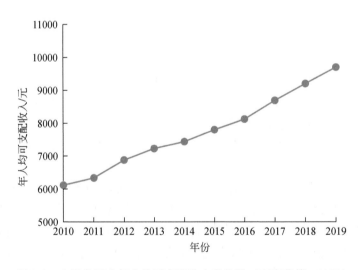

图 7-2　七星岛近十年人均可支配收入变化图（李海菲等，2022）

的一个海岛，位于钦州市犀牛脚镇的西北角，乘坐游览船半小时可到达。该岛酷似一个牛轭，四面环海，大环三面是海，拥有一大片沙滩，宽阔平坦，沙质金黄，是不可多得的天然海滨浴场。

7.1.5　新能源

1. 风能

风能（wind energy）是因空气流做功而提供给人类的一种可利用的能量。由于地面各处受太阳辐照后气温变化不同和空气中水蒸气的含量不同，引起各地气压的差异，在水平方向高压空气向低压地区流动，空气流动产生的动能称为风能。

北部湾沿岸的冬季是风能资源利用的最佳季节，平均风速和平均风功率密度较大，春秋次之，夏季最小。风能主要是由出现频率较低的大风过程产生的，季节性强，不够稳定。北部湾及沿海一带风能较丰富，适宜小型风力机发电、提水，如利用低速风力机，在台风季节则需加强安全措施（郭雨昕，2019）。白龙尾半岛附近为广西沿海的高风能区，年平均有效风能达 $1253kW \cdot h/m^2$。

2. 潮汐能

潮汐能（tidal energy）是海水周期性涨落运动及潮水流动中所产生的能量。这种能量是受月球和太阳这两个万有引力源的作用而引起潮汐现象。其水位差表现为势能，其潮流的速度表现为动能。这两种能量都可以利用，潮汐能是一种可再生能源。潮汐作为一种自然现象，为人类的航海、捕捞和晒盐提供了便利，如今潮汐能的利用方式主要是发电。一般来说，平均潮差在3m以上就有实际应用价值。潮汐发电是利用海湾、河口等有利地形，建筑水堤，形成水库，以便于大量蓄积海水，并在坝中或坝旁建造水力发电厂房，通过水轮发电机组进行发电。

北部湾北部的潮汐比较复杂，为混合潮，每月小潮汛有约8天，属不规则半日潮，其余为正规日潮，一日内只有一次高潮和一次低潮。全日潮潮差比半日潮潮差大。全日潮潮差约为3.6m，而半日潮的潮差仅1.5m左右。北海港的最高潮位5.55m，平均高潮位3.90m，平均低潮位1.35m，平均潮位2.55m，平均潮差2.49m，最大潮差5.36m。北海沙滩较为平坦，浪潮不急，达不到发电效果，费用高，因而不适合做潮汐发电站。钦州港历史最大潮差为5.52m，平均潮差为2.51m，平均涨潮历时10h，平均退潮历时8h，退潮速度大于涨潮流速，随涨潮入港的泥沙由退潮水流带出港外，潮差大，回淤少，使港区处于基本不淤积的状态。防城港当全日潮显著时，最高潮位5.54m，平均高潮位3.82m，最大潮差5.39m，平均潮差大于4.5m，涨潮延时15h，落潮延时9h，利于冲淤航道。白龙尾半岛附近可开发利用的潮汐能源有38.7万kW。北部湾海域海水运动中沿海平面的作用力起重要作用，而天体对北部湾海水的垂直作用是次要的。原因是本海区的面积小且远离月亮，其引力作用效果不可能引起几米的潮高（朱坚真，2001）。

7.2 河口海岸资源存在的主要问题

7.2.1 海洋资源锐减，生态系统退化

尽管国家早已出台实行禁渔期的相关政策，远海、近海渔业的过度捕捞行为并没有得到有效的遏制，人类对海洋的索取越来越多，捕捞质量下降，低值鱼和小型鱼占捕捞份额的比重不断上升，渔业资源开始萎缩。沿海工业高速发展，避免不了对海洋环境的污染影响。工业生产活动排放的污水未经科学处理流入海洋当中，使得入海河口、海湾等地的生态环境受到破坏，生物多样性下降。

7.2.2 饮用水资源安全受到威胁

北部湾区域作为广西发展的前沿阵地，区位优势、政策优势、资源优势突出，社会经济发展机遇良好，工业化、城镇化进程快，经济增长速度明显高于全区平均水平，产业的转型速度慢，入海的因子发生变化。快速发展的社会经济也给近岸海域生态环境带来一些影响。地下水的污染可分为天然成因和人为污染两种。沿海地区地下水饮用水和工业用水的需求量不断扩大，不断增加的地下取水量导致部分沿海地区海水入侵，地下淡水的含盐量增加，最终使得地方饮用水安全受到威胁。

7.2.3 旅游资源受影响

广西北部湾地区拥有着丰富的旅游资源，如海上丝绸之路、三娘湾、银滩等等著名的旅游景点，旅游产业的发展给北部湾地区的经济发展注入了蓬勃的动力，北部湾地区在凭借当地优越的河口海岸资源条件来发展旅游经济时，未能兼顾经济效益与旅游资源之间协调发展。主要表现有：为了迎合游客的需求，大量改造和建设民宿、酒吧等场所，使得当地传统特色民居建筑掺杂着明显的现代化的钢筋水泥，既影响美观丢失特色，又增加了安全隐患；对海洋的污染影响白海豚的生存环境，并将观赏区向深海推进等。旅游产业的发展离不开当地所拥有的旅游资源基础，只有坚守优先保护生态环境，合理开发旅游资源的原则，才能够实现旅游经济的可持续发展。

7.2.4　养殖业对环境的破坏

北部湾地区邻近大海，海岸线绵长，养殖业发展形势良好，快速发展的养殖业对当地的环境产生影响。近海养殖业会产生大量生活污水和养殖场垃圾，对水资源产生威胁、增加近海污染源、污染当地的水体和土壤，进而影响当地的生态环境。养殖业的发展还需要大量的滩涂作为后备用地，这就会对滩涂生物生长繁殖造成威胁，滩涂景观也会被破坏。

7.2.5　资源环境保护意识不够

我们应该清楚地认识到，目前的治理模式仍是以地方政府管理监控为绝对主导，多元参与协同治理模式还尚未成形。协同治理要求政府、社会组织及个人携手完成，广西北部湾近海生态环境的问题形成肇因是来自多方的，既有地方政府在政策实行和管理工作上存在的不足，也有域内排污企业顶风作案的排污行为，最关键的是当地居民个人的环保意识和资源保护意识的缺乏，导致河口海岸资源保护工作无法落实到每一个人身上，造成相关工作进行难度大，持续时间长且效率低下。广西北部湾近海生态环境的有效治理和改善关乎着整个社会公民的公共利益，需要每一位公民强化自身环境资源保护的文明意识，以思想影响行动。

7.2.6　岸线资源浪费严重

北部湾沿海地区现有岸线类型较多，但总体开发利用集约程度较低，沿岸大部分为未开发用地、村庄居民点用地，开发局限于海岸、近岸海域、少数海岛等，已开发利用岸线整合度较低，岸线存在多占少用或占而不用现象，岸线资源浪费严重。生活岸线布局过于分散。行政办公、商业文化等公共服务设施及市政基础设施基本集中在城市主城区和港口城区，用地局部比较紧凑但带动作用不强；港区则以码头和工业用地为主，少量居住用地，用地相对均过于分散。因布局不均匀、配套水平低、交通切割等，使得城市临海近海却不亲海。

港口岸线利用不充分。港口所依托的城市规模较小、临港产业起步较晚，现状港口吞吐能力不足，港口与铁路、公路及场站之间联运效应不强，海上航线特别是远洋航线较少等，影响了港口作为区域经济发展龙头发挥作用。而且港区后方缺乏合理利用，岸线资源无法集中连片开发，部分港口、码头泊位利用率低，岸线资源的利用率有待提高。生态岸线保护力度有待加强。由于岸线存在无序开发和管理现象，临海建设项目和人为活动正在不断侵蚀生态岸线，部分河口海域污染严重，生态环境遭到严重破坏，海洋海岸生态系统的生物多样性急剧下降，造成岸线质量和功能不断下降。

7.3　保护措施和利用对策

7.3.1　构建保护、利用、特色"三位一体"发展模式

以科学的发展观，推动北部湾海岸带资源综合开发，按照开发与保护并重原则，加强海洋生态环境的保护和建设，走保护、利用、特色"三位一体"的道路。"保护"要实现"永续"发展，在对北部湾海岸带的资源状况进行充分了解的前提下，对海岸带资源进行整体的保护，以达到人与自然的和谐共生以及永续利用。"利用"要做到"和谐"，在对海岸带进行资源保护的前提下，研究如何对海岸带进行有序、高效的合理开发，以保证海岸带的可持续发展。"特色"要体现"文化"，利用北部湾海岸带特有的资源环境和自然资源、人文资源等，将北部湾海岸带打造成为国内乃至整个东盟地区都独具特色的"绿色海岸带"和"文化海岸带"。

7.3.2　实现空间管制与规划引导

严格执行海洋功能区划，在现有法律框架下，制定适合当地海岸带经济发展的自然资源开发利用的准入制度，协调海岸带空间、土地、岸线资源的开发利用。做好与近岸陆域土地利用规划、城乡规划等相关规划的衔接。

7.3.3　注重产业聚集发展

产业聚集发展可以降低成本、节约资源，减少对海岸带的环境污染，鼓励产业集群以某一种类为主，突出区域特色，立足自身实际，重点布局和发展具有现有或潜在优势和特色的产业，形成产业集群。

7.4　河口海岸资源利用研究案例——海岛岸线可持续利用

海岛岸线资源是国土资源的重要组成部分，近年来随着国家发展海洋经济，沿海地区开发和利用活动增加，使得可利用的海岛岸线资源日益趋减。海岛岸线资源的合理利用与开发是海岛资源价值的重要体现，海岛岸线的可持续利用及其未来发展规划等是海内外众多学者重点关注的研究课题。

广西作为西南地区开放发展的新战略支点、"一带一路"的重要门户，海岸线曲折，海岛资源丰富，按成因划分可分为大陆岛、冲积岛及火山岛等三类，数

目共计 646 个。岸线长度的增加可能与近期海岛的直接开发利用有关，也可能与岸线提取方法差异或采用的海岛基础资料分辨率有关。

7.4.1　海岛岸线资源开发利用存在的问题

1. 海岛岸线长度小，可利用岸线资源贫乏

岸线长度的变化是评价海岛岸线空间资源利用状况的主要指标。就目前情况而言，广西虽海岛资源众多，但与我国其他省所辖海岛比较，广西绝大多数海岛面积较小，且岸线周长大都小于 20000m，单岛面积以千余平方米的居多，面积大于 $5km^2$ 的海岛仅有 3 个，即渔藻岛、龙门岛和涠洲岛（刘晖等，2013）。据统计岸线长度超过 500m 的海岛有 239 个，仅占海岛总数的 37%，超过 2000m 有 39 个，占 6.04%。超过 20000m 的仅有 7 个，主要包括钦州市的沙井岛、西村岛、龙门岛，和北海市的南域围、更楼围、外沙岛和涠洲岛，都为有居民海岛，且大部分已经开发利用，主要分布在钦州湾和南流江河口。

2. 绝大部分的岸线利用空间价值不大

广西已开发利用海岛 451 个（含 14 个有居民海岛），未开发利用海岛 192 个（曹庆先等，2017）。岸线系数是以岸线长和面积比表示海岛的边界效应。系数越大，岸线资源利用的空间就越高。岸线系数超过 0.1 的海岛有 139 个，占海岛总数的 21.52%，超过 0.2 的海岛有 34 个，占海岛总数的 5.26%，即绝大部分海岛的岸线系数小于 0.2。超过 0.3 的有 8 个，主要包括钦州市的小双连岛、独木墩、榄盆墩，防城港市的笼墩岛、跳鱼墩、一平岭岛，和北海市的中间草墩、中老屋地，它们主要分布在钦州湾、南流江河口和铁山港。

7.4.2　海岛岸线资源可持续开发利用对策

1. 适宜的海岛岸线空间资源利用模式

黎树式等（2016a）选取了岸线长度、常住人口、海岛面积等一般性指标及三通一平、植被覆盖、最高点高程、近陆距离、海岛侵蚀能力、岸线系数、海岛紧凑度、海岛开发潜在价值等具有显著地域特点的指标等 11 个指标数据，应用 EOF 方法对广西海岛进行分析，结果表明广西海岛岸线空间资源的利用可分为以下 4 个模态，并对其进行权重分析，分析各个模态的主要特征指标数据。

第一模态主要贡献指标是三通一平（通电、通水、通路、地面平整）、近陆距离、海岛面积、海岛侵蚀能力。三通一平和海岛面积表明，海岛的通水电和通路的条件优越，海岛面积有一定规模，岸线空间资源的利用价值高。第二模态主要特征指标为最高点高程和海岛侵蚀能力。此模态下海岛避风条件和风力发电潜力较高，且侵蚀度较弱，故海岛岸线资源的港口、锚地等利用价值高。因而，在

有一定岸线长度可利用的状态下，海岛岸线空间资源的利用状况仅次于第一模态。第三模态主要特征性指标为岸线系数、植被覆盖、岸线长度、最高点高程，此模态下，海岛岸线资源有一定的利用空间，但生态系统较单一、岸线长度不长、地势不高等特点，一定程度上限制了海岛岸线空间资源的开发利用。第四模态主要指示指标为：植被覆盖、常住人口、最高点高程和海岛紧凑度。此类模态下的海岛无人居住，尽管有较高的高程和紧凑度，但植被覆盖度差，有一定的剥蚀度，生态环境脆弱是主要特征。

　　基于海岛岸线空间资源的利用方式，第一模态是广西海岛岸线空间资源利用的主要模态，这个模态下的海岛因其基础设施条件好，面积较大，大部分靠近大陆，区位独特，岸线开发利用价值较高，大部分已被开发或即将被开发为港口、锚地、旅游景区、军港和渔业码头等，如海岛很大部分分布在钦州港、防城港和铁山港附近海域，作为旅游景区的海岛有涠洲岛、斜阳岛、麻蓝头岛等，作为渔业码头的海岛有龙门岛、西村岛、七星岛、沙井岛等，龙门岛就是一个军港所在地。此模态海岛可归纳为集港口、码头、旅游、渔业于一体的"综合开发利用"模式。第二模态海岛的特点是港口和码头利用价值高，主要分布在钦州港和防城港及南流江口，可归纳为后备开发利用的"港口码头型海岛"发展模态；而第三、四模态海岛的岸线空间资源利用价值相对较低，属于该模态的海岛主要为面积小于 $0.1km^2$ 的海岛，可为"生态环境保护型海岛"发展模态，以保护生态环境、保持海域海岛生物多样性为主。

2. 海岛岸线资源的适应性管理

　　海岛岸线空间资源的适应性管理是个复杂且具有诸多不确定因素的过程，需不断在管理实践中学习和总结，以实现岸线空间资源的全程有效的动态管理过程。广西海岛岸线资源零碎而分散，且总体管理水平不高，管理难度较大，我们可以借鉴和学习国内外其他海域海岛岸线空间资源的先进管理经验。在充分认识全球气候变化、海平面上升等自然因素和高强度人类活动对岸线空间资源利用影响的多样性、复杂性和不确定性基础上，充分发挥"后发优势"，总结适应于广西海岛岸线资源的适应性管理方法，从而可避免和逐步解决区域海岛生态环境保护不力和开发利用无序的发展难题（黎树式等，2016a）。

第8章　广西北部湾河口海岸经济社会发展

河口海岸是人口密集、城市云集的区域，是社会经济活动及人类活动最集中的区域，社会经济发展深刻地影响着人类社会的发展进程。

8.1　广西北部湾河口海岸经济社会发展概况

8.1.1　我国河口海岸经济社会概况

我国大陆海岸线地跨温带、亚热带和热带，有众多的河口、海湾和岛屿。拥有辽宁、天津、河北、山东、上海、江苏、浙江、福建、广东、广西和海南 11 个沿海省区市。这一地区集中了我国最繁荣、发展势头最好的大城市、特大城市，如广州、上海、天津等。拥有大连港、秦皇岛港、天津港、青岛港、连云港、上海港、宁波港、福州（马尾）港、厦门港、广州港、湛江港、钦州港、基隆港、高雄港和香港海港等重要港口。拥有众多重要入海河流，如流入渤海的辽河、滦河、海河和黄河，流入黄海的鸭绿江、大同江、汉江和淮河，流入东海的长江、钱塘江、瓯江和闽江，流入南海的韩江和珠江等，其中与珠江水系紧连的南流江是北部湾重要河口。近十多年来，我国河口海岸地区生产总值占我国总 GDP 比重一直在 60% 左右浮动，该区经济是我国总体经济景象的表征。2005 年，我国海岸带地区 GDP 首次突破 10 万亿元；2009 年突破 20 万亿元；2012 年突破 30 万亿元；2016 年突破 40 万亿元关口；2017 年我国河口海岸地区 GDP 达到 46.6 万亿元，占国内生产总值的 56.3%（林香红等，2019）。

8.1.2　广西北部湾河口海岸经济社会概况

8.1.2.1　行政区划

广西北部湾海岸带区域包括钦州、北海、防城港三个主要沿海地级市及其下辖的县级行政区域。

（1）钦州市。钦州市北邻广西首府南宁市，东与北海市和玉林市相连，西与防城港市毗邻，辖 2 县 2 区（灵山县、浦北县、钦南区、钦北区），位于中国西南部，广西壮族自治区南部，北纬 21°35′～22°41′，东经 107°72′～109°56′之间。属南海之滨，处于北部湾经济区南北钦防的中心位置，是大西南最便捷的出海通道，是"一带一路"南向通道陆海节点城市，北部湾城市群的重要城市，拥有深水海港也是国家保税港的钦州港，大陆海岸线562.64km。地质构造复杂，地层发育较全；岩浆岩以酸性侵入岩为主，主要有花岗岩和流纹岩；褶皱、断裂构造发育，并具明显的分带性，存在中等以上地震的发生条件；在亚洲东南部季风区内，太阳辐射强，季风环流明显，海河交汇处及浅海滩涂分布有热带海岸特有的植被——红树林。

（2）北海市。素有"珠城"之称的北海市地处广西壮族自治区南端，北部湾东北岸，是我国最早的对外通商口岸和海上"丝绸之路"起点之一，西北距南宁206km，东距广东湛江198km，东南距海南海口市147n mile；下辖海城区、银海区、铁山港区及合浦县，总面积3337km²；2017年总人口175.42万人。气候属海洋性季风气候，具有典型的亚热带特色，海岸资源丰富。

（3）防城港市。位于中国大陆海岸线的最西南端，背靠大西南，面向东南亚，南临北部湾，西南与越南接壤，海岸线580km，陆地边界100.895km，是北部湾畔唯一的全海景生态海湾城市，被誉为"西南门户、边陲明珠"，是中国氧都、中国金花茶之乡、中国白鹭之乡、中国长寿之乡、广西第二大侨乡，总面积6238km²，下辖港口区、防城区、上思县和东兴市，有汉、壮、瑶、京等21个民族，是京族的唯一聚居地、北部湾海洋文化的重要发祥地之一。防城港市作为21世纪"海上丝绸之路"的重要始发港、中国—东盟自贸区的主门户、广西北部湾经济区的核心城市，在国家建设中居于特殊重要的地位。

8.1.2.2　经济发展

广西河口海岸地区是整个广西对外开放的窗口，近十几年来，社会经济得到了长足发展。通过统计广西沿海三市2010～2018年的GDP，我们可以清楚地看到，广西沿海三市的经济发展均呈上升趋势，如图8-1所示。2010年，三市的GDP为1242.5亿元，成功突破1000亿元大关，2013年突破2000亿元大关，达到2019.14亿元，较2010年增长了63%；2015年该项指标值为2457.07亿元，较2010年增长了98%；2017年广西沿海三市GDP突破3200亿元大关，达到3281.28亿元；因顺应并响应国家高质量发展要求，2018年广西沿海三市GDP为3202.08亿元，较2017年有所下滑，如图8-2所示。从产业的比重上看，广西海岸带地区经济发展以第二产业为主，第三产业比重大，第一产业比重较小，第二产业的发展以工业园区的扩张为主，第三产业主要以旅游业的发展带动。

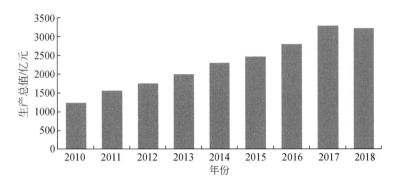

图 8-1 2010~2018 年广西沿海三市年末生产总值统计图

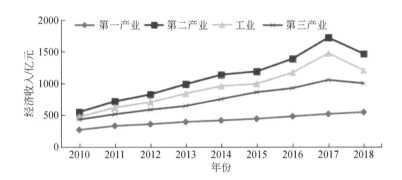

图 8-2 2010~2018 年广西沿海三市主要经济收入统计图

8.2 海洋文化发展

海洋文化是缘于海洋而生成的文化,其本质是人类与海洋的互动关系及其产物(曲金良,1999)。广西北部湾河口海岸地区的海洋文化,是广西沿海人民在开发、利用与保护海洋的社会实践中所形成的思想道德、民族精神、教育科技、文化艺术等物质和精神成果的总和(吴小玲,2013)。

8.2.1 海洋文化资源类型

按照资源的形态来分,广西海洋文化资源可分为自然生态资源和人文历史资源两类(吴小玲,2013)。这里主要介绍北部湾的人文历史资源,主要包括四类:海洋历史人文遗迹类资源、海洋民俗文化类资源、海洋特色技艺类资源和海洋宗教文化类资源。这些资源有浓厚的民族特色、浓郁的南疆特色、商贸性强、忠于国家和勇敢善战的海疆文化特质等特点（吴小玲，2013）。其中，海洋历史人文遗迹类资源包括古人类文化遗址、古码头遗址、古运河古商道、古代生产遗址、古城镇及民居遗址、海防海战遗址和历史人物足迹或历史场景；海洋民俗文化类资源包括技艺、传统民俗、民间传说和民间音乐艺术；海洋特色技艺类资源主要指海洋生产生活技艺；海洋宗教文化类资源主要是宗教古建筑。详见表8-1。

表8-1　广西北部湾海洋人文历史资源列表（整理自吴小玲，2013）

类型	资源类型		非物质文化遗产
1. 海洋历史人文遗迹类资源	古人类文化遗址	灵山新石器时代遗址、茅岭玟杯墩遗址、交东社山遗址、芭蕉墩遗址、上羊角新石器时代遗址、合浦古汉墓群、钦州久隆独料新石器时代遗址	①民间传说：《合浦珠还》《美人鱼传说》；②传统民俗：外沙龙母庙会、疍家婚礼、京族哈节（国家级）；③传统手工技艺：京族服饰制作技艺、钦州坭兴陶制作技艺（国家级）、北海贝雕技艺、京族鱼露、北海疍家服饰制作技艺；④民间音乐：京族独弦琴艺术（国家级）、《北海咸水歌》；⑤民间曲艺：《老杨公》、钦州《跳岭头》《京族民歌》
	古码头遗址	合浦石湾的大浪古港、防城港市的企沙码头、茅岭古渡、洲尾古码头、钦州乌雷码头、江东博易场遗址、龙门港	
	古运河、古商道	潭蓬运河遗址、杨二涧（伏波故道）、十万大山千年古商道	
	古代生产遗址	钦州故城遗址和古龙窑遗址北海上窑遗址、下窑遗址、造船遗址、白龙珍珠城遗址、七大珠池遗址	
	古城镇及民居遗址	钦江县故城遗址、越州古城遗址、刘永福故居群、冯子材故居群、灵山大芦村、北海永安古城遗址、近代西洋建筑群、老街	
	海防、海战遗址	烽火台和炮台、军营和屯寨	
	历史人物足迹或历史场景	东坡亭、东坡井、海角亭、惠爱桥、防城港市境内的大清国1-33号界碑、海上胡志明小道	
2. 海洋民俗文化类资源	技艺	高跷捕鱼、拉大网	
	传统民俗	京族哈节、北海外沙的龙母庙会、疍家婚礼	
	民间传说	《合浦珠还》故事、三娘子传说	
	民间音乐艺术	京族的独弦琴艺术、《北海咸水歌》、钦州采茶戏、跳岭头、《京族民歌》	
3. 海洋特色技艺类资源	海洋生产生活技艺	南珠的生产及捞捕技艺、北海贝雕技艺、钦州坭兴陶工艺、防城港石雕工艺、京族高跷捕鱼、京族服饰制作技艺、拉大网、京族鱼露、北海疍家服饰制作技艺及各种海产品加工工艺	
4. 海洋宗教文化类资源	宗教古建筑	合浦东山寺、武圣庙、关帝庙、北海普度震宫、钦州的北帝庙、雷庙、防城的水月庵	

8.2.2　海洋文化特色

广西北部湾是古代"海上丝绸之路"的始发地之一,长期以来,古今文化、中西文化在这里融合,使该区域的文化兼收并蓄、特色鲜明。①深厚的历史底蕴。在汉代,合浦郡是当时通向东南亚、南亚、欧洲各国的"海上丝绸之路"的始发港之一。环北部湾沿岸成为中国古代最早的对外开放的沿海地区和汉王朝在南方的政治、经济和文化中心,也使中华文明和印度文明、阿拉伯文明、罗马文明第一次实现了沟通和交流。在近代,北海一直是中国西南地区的对外贸易通商口岸。②浓厚的南部海疆特色。北部湾地处中国的南部,背靠大西南,面向东南亚,完全可以建设若干世界级的重要港口,成为大西南最便捷的对外通道。沿岸河网密布,半岛和岛屿较多,沿岸既有平原又有山地,处在北回归线以南,属亚热带季风气候。③鲜明的民族特色。长期以来,广西的本土文化与中原文化、高原文化、外来文化等在沿海地区形成交汇的景观。在交汇中,广西本土文化大量吸纳了多种文化元素,也仍然保留了自身的独特性。在服饰文化、饮食文化、居住习俗、渔歌传说、信仰禁忌等方面都有自己的特点,具有历史文化价值和旅游效应(国家海洋局直属机关党委办公室,2008)。

8.2.3　海洋文化发展对策

北部湾文化建设是一项系统工程,需要结合地方实际、整合各种资源,然后因地制宜地制定对策。这里主要参考张开城(2011)的研究成果,介绍关于广西北部湾河口海岸地区的海洋文化发展策略的几点建议。

1. 构建北部湾海洋文化圈

北部湾文化圈的文化核心是海湾文化模式。从文化传统角度看,北部湾文化圈的海洋文化底蕴深厚,以"海上丝绸之路"为代表的国际交流和以京族聚落为代表的少数民族文化是其典型代表。具体主要由四个圈层构成:一是以北部湾自然生态为依托的海洋文化圈;二是以农业经济为基础的稻作文化(那文化)圈;三是以传统洲际贸易与活态文化传承为主题的"海上丝绸之路"和铜鼓文化圈;四是以近代通商口岸城市和当代中国—东盟博览会为代表的国际都市文化圈。北部湾文化圈历史悠久,覆被广阔。与世界上大多数文化圈相比,北部湾文化圈具有强大的文化辐射力,仍以活态传承的方式与西南文化圈、华南文化圈以及东南亚文化圈保持良好的文化互动关系。泛北部湾海洋文化圈建设可形成跨省协商共建机制,以滨海城市和旅游点为依托,建设系列化的海洋文化博物馆、加强特色文化区和文化村建设、开发特色文化旅游景点景区、组织海洋文化艺术节庆会演和比赛活动、保护特色文化遗产、开发特色旅游文化商品、开展滨海休闲体育活动等。

2. 打造北部湾民族民俗文化特色品牌

广西北部湾地区民族民俗文化资源特色鲜明，可重点打造疍民文化、京族文化、壮族文化等特色品牌。沿海疍民是一个特殊的海洋渔民聚落，以住在连家船上的疍民为典型代表。疍民作为一个较为特殊的群体，有着一些异于陆上人的习俗，涉及家居、服饰、节庆、婚俗、渔歌、信仰等方面。广西北海市外沙海鲜岛投资建设凸显外沙疍家历史神韵的中国疍家民俗村，是一个很好的做法。京族是中国唯一的一个海滨渔业少数民族，同时是中国唯一的海洋民族，京族主要分布在广西防城港市下属的东兴市境内，主要聚居在江平镇的"京族三岛"——巫头岛、山心岛、㵲尾岛。京族传统民间文艺丰富多彩，具有浓厚的民族风格。京族口头文学内容丰富，其诗歌占有重要地位，京族人喜欢的唱哈、竹竿舞、独弦琴，被誉为京族文化的三颗"珍珠"。在长期的社会实践过程中，壮族以自己的聪明才智创造了灿烂的文化。驰名中外的铜鼓，是古代岭南及西南地区壮族和其他少数民族先民珍贵的文化遗产，是壮族古文化的瑰宝之一；壮族有本民族共同的语言，有众多脍炙人口的传说和故事；壮族神话，内容丰富多彩；壮族舞蹈，以情节舞为主，表现劳动和生活的壮族舞蹈多达数十种；壮族有 7 种传统戏剧，群众统称为"北路壮戏"和"南路壮戏"；壮族人服饰多用自织的土布做衣料，款式多种多样；壮族民歌特别发达，壮乡素有"歌海"的美誉。这些文化资源可用于涉海庆典会展演艺业、滨海旅游业和滨海城市文化建设等。

3. 建设北部湾海洋文化走廊

根据区域特色历史文化的地理分布，可以建设"高脚杯型"北部湾海洋文化走廊。"杯口"是海南省和东盟各国，"杯底"是北部湾北岸的防城港市、钦州市、北海市，两壁是越南和我国广东雷州半岛，"杯脚"是玉林市、南宁市、凭祥市。可在文化走廊城市节点上发展文化产业，开发旅游景点景区，建设主题公园，建设博物馆和会展中心、建设特色民俗商品一条街。形成优势互补的文化城市链，以文化含量吸引游客，开发跨省区甚至国际化文化旅游线路。

4. 策划环北部湾经典旅游线路

整合特色文化资源，打造五大国家级旅游目的地城市，分别强化"海""岛""城""港""人"特色，形成"U"形经典旅游线路，把南宁市、防城港市、北海市、雷州市、海口市和三亚市等地区贯穿起来。

8.3　土地利用变化与人口发展

8.3.1　土地利用时序变化

近十几年来，广西河口海岸地区人类活动愈加频繁，土地利用强度和幅度越来越大，导致广西河口海岸地区土地利用产生巨大变化。土地利用类型变化方面，2010～2018 年，广西海岸带三市土地利用类型中，优势地类为林草地、耕地和水体，耕地、水体、其他用地总体呈下降态势，耕地的下降趋势最为明显，减少了 1301.28km²，年均减少 162.66km²；林草地、建设用地、人工湿地和自然湿地总体呈增加态势，建设用地年均增加 101.89km²，增速较快；人工湿地和自然湿地小幅增加，分别增加了 7.69km²、7.24km²；水体缩减 34.73km²；其他用地减少 92.85km²。说明这一时期广西海岸带人类活动较为剧烈，城市化加速和经济快速发展，城乡建设用地不断扩张，耕地遭侵蚀较为严重，保护力度有待加强；林草资源发展与保护较好，尤其是经济林发展不可小觑，红树林保护得到加强；除季节性降水影响外，填海造陆、水产养殖及过度用水等活动正侵蚀着水体。土地利用类型变化最大的是 2010～2014 年的其他用地和 2010～2018 年的建设用地，动态度分别为−10.48%、8.80%，而变化最不明显的是水体，2010～2018 年的动态度为−0.11%。土地利用综合动态度随时间变化而上升，2010～2014 年、2014～2018 年和 2010～2018 年 3 个时段的综合动态度分别为 1.12%、1.37% 和 1.52%，总体属土地利用快速变化型，并有向土地利用急剧变化型演变趋势（张华玉等，2022；刘纪远和布和敖斯尔，2000）。

8.3.2　土地利用转移变化

2010～2018 年广西海岸带各土地利用类型间转变较大，尤其是林草地、建设用地和耕地之间的相互转移较为频繁。耕地转变最显著，主要转变为林草地、建设用地和水体，其中转变为林草地最为剧烈（2297.12km²）；林草地主要转变为耕地、建设用地、水体和其他用地，向耕地转变的幅度最大（1547.29km²）；建设用地主要转变为耕地、林草地、人工湿地和水体，向耕地转变幅度最大（247.25km²）；水体主要转换为建设用地、耕地和人工湿地，向耕地转化面积最大（92.99km²）；其他用地主要转变为林草地和耕地，转变为林草地最为剧烈（120.7km²）；人工湿地主要转为水体、建设用地和耕地；自然湿地转变最不明显，主要转变为林草地和水体。说明研究期内耕地、林草地和建设用地 3 种地类间交替转化较为频繁和活跃，而耕地大面积转为林草地和建设用地，存在耕地林化与建设占用现象，应加强管控与监测，减缓转变趋势；封山育林、开荒造林取得一定成效；水体涨落对人工湿地和自然湿地产生一定的影响（张华玉等，2022）。

8.3.3　土地利用空间变化

耕地集中分布在合浦县、上思县、钦北区和钦南区，2010～2018年灵山县耕地缩减面积最大（373.77km²），耕地缩减处伴随着林草地和建设用地扩张。建设用地主要分布在合浦县、灵山县、钦南区等行政区划较大的区域及处于城市发展核心地带的海城区、港口区、东兴市等，2010～2018年灵山县、浦北县、银海区及铁山港区扩张明显。上思县、灵山县、浦北县是林草地集中分布区，2010～2018年钦南区、合浦县、铁山港区林草地扩张面积大，其中钦南区林草地扩张面积最大（180.72km²），浦北县林草地缩减最多（77.90km²）。水体和自然湿地主要分布在缓冲区（海岸线向海延伸部分作为缓冲区域）、合浦县、钦南区和上思县，2010～2018年缓冲区水体缩减面积最大（45.73km²），合浦县水体扩张面积最大（17.02km²）。其他地类空间变化不明显（张华玉等，2022）。

8.3.4　土地利用变化驱动因素

通过土地利用变化与社会因子、自然因子进行地理探测，发现GDP、社会固定资产投资和城镇化率等人文因子对土地利用变化的影响较大，平均贡献率为17.82%，说明广西海岸带土地利用变化主要受人类活动影响，人文因子在整个变化过程中起主导作用。自然因子的影响相对较小，平均贡献率仅9.72%，其中植被类型、坡度、海拔和土壤类型四项因子在自然因子中贡献率最高，主要体现在对土地类型空间分布和功能划分的影响上；年平均降水量、年平均气温和蒸发量等因子对土地利用变化影响较小。

广西海岸带地势平坦，资源丰富，环境优美，自古以来即适宜人类居住和开发建设。近年来，广西北部湾经济区、中国—东盟自由贸易区、北部湾城市群的规划、建设和新型城镇化发展，使得广西海岸带在区域中的地位快速提升，成为全区乃至全国重大项目建设的主要分布区。开发建设、人工填海等活动在促进本地区经济发展的同时，也加大了土地开发、经营和管理压力，导致土地利用结构、数量及空间分布在一定程度上发生了变化（张华玉等，2022）。

8.3.5　人口发展

2010～2018年广西沿海三市各年人口总数呈持续上升趋势，人口由2010年的626.87万增加至2018年的692.87万，增加了66万人，年均增长7.33万人，如图 8-3 所示。说明人口增长对广西海岸带地区的土地资源压力较大，在土地利用类型变化上主要表现为建设用地的持续增加。近年来，随着向海经济的发展，产业逐渐往河口地区聚集，人口开始向河口方向流动。

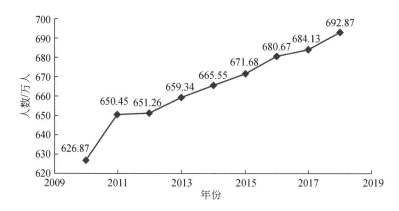

图 8-3　2010～2018 年广西沿海三市年末人口总数统计图

8.4　海洋经济发展

8.4.1　海洋渔业

海洋渔业是海洋经济的基础产业，是打造向海经济的重要抓手。北部湾发展海洋渔业优势明显。北部湾渔场是我国著名的四大渔场之一，也是世界海洋生物物种资源的宝库。目前广西近海渔港 26 个，码头泊位近 300 个，海上货运量逐年大幅度递增。据调查，北部湾有鱼类 500 多种、虾类 200 多种、头足类近 50 种、蟹类 190 多种、浮游植物近 140 种、浮游动物 130 种，包括儒艮、中国鲎、文昌鱼、海马、海蛇、牡蛎、青蟹等知名品种，举世闻名的合浦珍珠也产于这一带海域（杨酒裕，2011）。北部湾近海海域有海洋生物 900 多种，其中 100 多种具有较高的经济价值。

2020 年海洋渔业发展取得显著成绩。一是海洋渔业经济稳步增长。2020 年广西海洋渔业产值 302.96 亿元，其中海水养殖 219.33 亿元、海洋捕捞 83.63 亿元。渔民人均纯收入 22747 元，高出全国平均水平 909 元。二是海水养殖持续健康发展。2020 年广西海水养殖产量 150.66 万 t，位列全国第五位。三是加工流通网络形成规模。全区水产品加工企业 178 家，其中规模以上加工企业 58 家。国家级农业产业化重点龙头企业 1 家，自治区级 4 家。四是渔业合作交流不断扩大。我国广西与马来西亚开展对虾生态养殖，与文莱开展牡蛎浮（排）筏生态养殖、金鲳鱼深水网箱养殖，与斯里兰卡开展海参养殖，与安哥拉开展远洋渔业综合开发合作。五是渔业资源得到有效保护。累计投入海洋增殖放流资金 6848 万元，放流水生生物苗种 15.76 亿尾。建立自治区级以上渔业自然保护区 11 个（其中国家级 3 个），自治区级以上水产种质资源保护区 6 个（其中国家级 4 个）。

8.4.2　临海工业

1. 北部湾工业发展背景

20 世纪 90 年代后期，随着国家西部大开发战略实施、我国加入世贸组织，面向东南亚、背靠大西南的北部湾地区战略地位大大提升，沿海的湛江、海口、防城、北海等港口既是滇、黔、蜀等西部腹地省份出海的便捷通道，又是我国距东南亚各国最近的口岸，北部湾作为中国东西部、中国与东盟两个"结合部"的地缘优势被普遍看好。进入新时期后，经济区沿海工业发展的各种条件日渐成熟，这些都为全面促进整个经济区沿海工业的飞速发展奠定了基础。

2008 年，《中共广东省委、广东省人民政府关于推进产业转移和劳动力转移的决定》正式提出"腾笼换鸟"政策，给广西沿海地区工业产业腾飞吹起了"东风"，珠三角劳动密集型产业向东西两翼、粤北山区转移。承接珠三角地区产业转移，是广西北部湾沿海地区工业化的捷径，也是当年广西产业政策的明智之举。产业转移后的几年，广西北部湾沿海地区工业化进程明显加快。

2019 年，中共中央、国务院发布《粤港澳大湾区发展规划纲要》，广西随后印发的《广西全面对接粤港澳大湾区建设总体规划（2018—2035 年）》指出，新形势下，紧抓国家加快大湾区建设的重大机遇，全面对接大湾区建设，对于构建广西"南向、北联、东融、西合"全方位开放发展新格局、实现高质量发展具有重大意义。同时应以连接大湾区和东盟的西部通道建设为契机，把北部湾港打造成为全国沿海主要港口和区域性国际航运中心。为广西工业产业新一轮腾飞指明了方向。同年，为促进西部经济发展，国家发展改革委印发了《西部陆海新通道总体规划》，指出要着力打造国际性综合交通枢纽，充分发挥重庆位于"一带一路"和长江经济带交汇点的区位优势，建设通道物流和运营组织中心；建设广西北部湾国际门户港，发挥海南洋浦的区域国际集装箱枢纽港作用，提升通道出海口功能。2019 年 8 月 2 日，《国务院关于印发 6 个新设自由贸易试验区总体方案的通知》印发实施，中国（广西）自由贸易试验区正式设立。中国（广西）自由贸易试验区，简称广西自贸试验区，涵盖南宁片区、钦州港片区、崇左片区，总面积 119.99km^2。以上这些政策和平台为北部湾河口海岸地区工业腾飞奠定了规划基础，北部湾发展迎来新机遇。

2. 北部湾工业发展及现状

工业是国民经济中的重要物质生产部门，北部湾河口海岸地区是广西重大工业产业的集中区，钦州港经济开发区、北海工业园区、钦州高新技术开发区、北海高新技术开发区、北海加工出口区及其他轻重工业产业园区等不断吸纳及新增各类产业，助推该区工业进步。港口物流业是该区工业的主要特色，长久以来，由于市场发育水平较低，生产要素市场不健全，投资主体欠缺，优势产业和有竞争力的特色产品缺乏，无法形成产业集群，以及基础设施建设相对滞后，工业生产的配套条件也较差，外部成本高，发展工业尤其是大工业的条件还不完善等，广西北部湾经济区范围内的沿海工业整体水平程度都不高。同时，与周边国家未妥善解决的历史遗留问题使得广西的国际区域间的合作一直发展缓慢。

进入 21 世纪，尤其是 2008 年经济危机后，北部湾河口海岸地区工业发展迅猛，基本可以总结为三个阶段。第一阶段为 2008～2011 年：工业复苏阶段。该阶段北部湾沿海地区工业逐渐走出经济危机的阴影，尤其是承接大珠三角地区的产业转移后，工业产业逐渐复苏，2011 年，北部湾沿海三市工业总产值为 616.32 亿元，成功突破 500 亿大关。第二阶段为 2012～2016 年：工业腾飞阶段。该阶段是北部湾河口海岸地区走出经济危机困境后的快速发展阶段。2012～2016 年五年间，广西沿海三市工业产值从 702.65 亿元上升至 1168.52 亿元，年均增长 93.17 亿元，2016 年成功突破了 1000 亿元大关。第三阶段为 2017 年以后阶段：工业高质量发展阶段。该阶段广西北部湾河口海岸地区由追求速度转变为追求质量，工业产值有所下降，由 2017 年的 1468.63 亿元下降至 1201.49 亿元，总体下降 267.14 亿元，接近 2011 年总产值的一半。预测今后的工业产值会有所增加，但增幅已没有之前所有阶段的增速快，这是趋势，也是当下所求，符合全国经济产业高质量发展要求。

8.4.3　交通运输与港口

交通运输业是社会经济的基础性产业，它的发展与地区经济增长之间相互联系、相互影响。广西北部湾地处中国大陆南端，背靠大西南，面向东盟，是"一带一路"有机衔接枢纽。广西北部湾港于 2019 年 9 月被国家确立为面向东盟国际大通道的门户港，也是国家西部陆海新通道的支点。

2019 年全年北部湾地区铁路公路水路客货运输周转量完成 5899.17 亿 t·km，比上年增长 7.6%，增速比上年减缓 0.8 个百分点。完成旅客运输周转量 817.45 亿人·km，增长 0.1%，增速比上年减缓 4.8 个百分点；完成货物周转量 5382.86 亿 t·km，增长 8.0%，与上年持平。铁路客货运输周转量 1234.13 万 t·km，增长 5.3%；公路客货运输周转量 2897.83 万 t·km，增长 6.6%；水路客货运输周转量 1767.21 万 t·km，增长 11.0%。

钦州港东站集装箱办理站是广西服务西部陆海新通道建设的海铁联运重要项目，也是广西北部湾港打通海铁联运"最后一公里"的破瓶颈项目，已于 2019 年竣工。2019 年，西部陆海新通道（钦州港）运输集装箱 13.9 万箱，同比增幅 136.7%。目前，西部陆海新通道的国内"朋友圈"扩大至"13+1"个省区市，辐射形成了横跨南端东南亚地区到大西北"一带一路"沿线国家，铁海铁水航空等多式联运的统一物流网。在西部陆海新通道的带动下，北部湾港集装箱吞吐量快速增长。

8.4.4　滨海旅游业

北部湾河口海岸带地区旅游地多，形成了以北海为旅游核心、以钦州和防城港为重要旅游发展区的"一核两区"旅游格局，滨海旅游业总体增长较快。广西沿海分布着众多的红树林、珊瑚礁、火山岛等海洋自然景观，滨海旅游成为广西海洋经济的重要海洋产业之一，银滩、金滩、白浪滩、三娘湾和涠洲岛以及龙门诸岛等景观吸引着越来越多的游客。

依托本地特色滨海旅游资源，以及邻近东南亚的区位优势，滨海旅游业保持平稳增长，特别是国际旅游业发展迅速。2000 年广西滨海旅游为 236 万人次，其中入境旅游为 123 万人次，总产值 1.17 亿元；2010 年滨海旅游为 1477.80 万人次，其中入境旅游 12.36 万人次，总产值 50.40 亿元；到 2016 年，滨海旅游达到 5879.81 万人次，比 2000 年增加 46.80 倍，入境游客数量增加到 36.60 万人次，总收入突破 110 亿元，同比 2000 年增长了 94.02 倍。图 8-4 为 2010～2017 年广西沿海三市的国际国内旅游者总人数统计图，从图中可清晰地看出：近 8 年

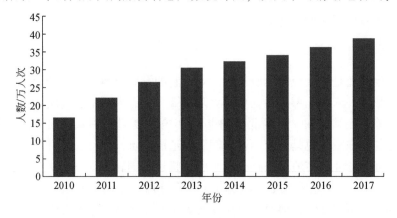

图 8-4　2010～2017 年广西沿海三市旅游人数统计图

来广西沿海三市的旅游业迅猛发展,增长幅度大。大量游客进入广西海岸带地区进行消费,极大地促进了当地经济的发展,加快了当地基础设施建设。

8.5　海洋生态经济发展对策

习近平总书记重视生态文明建设,将生态文明建设置于"关系中华民族永续发展的根本大计"的战略位置。2017 年 4 月习近平总书记到广西考察时指出,广西生态优势金不换,同时强调要大力发展向海经济。2021 年习近平总书记在视察广西时强调,广西是我国南方重要生态屏障,承担着维护生态安全的重大职责,并提出"在推动绿色发展上迈出新步伐"的总要求。因此,广西如何牢记嘱托依托自身优势破解向海经济发展与海洋生态环境保护之间的平衡难题,践行绿水青山就是金山银山理念,实现海洋生态经济协调发展,是目前各级职能部门亟待研究和解决的课题。

8.5.1　北部湾海洋生态经济发展现状及问题

北部湾区域在向海经济发展中处于重要的战略地位,区域经济发展、港口建设、工业聚集等经济活动频繁,海岸资源开发利用现象明显。但由于北部湾区域较国内其他海湾而言,发展较晚,经验不足,人们对北部湾区域的海陆系统、资源环境承载力的认识不足。北部湾海岸带地区在经济发展的同时,近海岸海洋出现了部分生物资源衰退、滨海湿地减少等海岸带生态环境恶化问题。

与此同时,统计资料显示 2019 年广西向海经济生产总值 3200 亿元,其中海洋生产总值预计达到 1664 亿元,是 2017 年 1394 亿元的 119.4%,是 2012 年716 亿元的 232.4%,一直保持 7% 左右的增长态势(图 8-5)。然而,与浙江、上海等东南部省市相比,广西向海经济的发展还有不少的差距,而且广西向海经济发展还面临诸多的困难和挑战。据历次中央生态环境保护督察组公布的资料,广西被点名涉海环保事件的有多处,如 2021 年 5 月广西北部湾国际港务集团有限公司被曝光生态环保意识淡薄,违规施工致红树林大面积受损。这表明广西面临发展向海经济巨大压力,同时海洋生态环境保护压力也不小。

8.5.2　广西发展海洋生态经济的建议

鉴于此,北部湾区域立足于实地,分析"人–陆域–海洋"三者之间的关系,发展北部湾海洋生态经济,在发展经济的同时尊重海洋、构建和谐的人与海洋相协调发展关系,实现北部湾海洋生态经济的循环发展,促进区域经济与海岸带资源的可持续发展。

图 8-5 2012～2019 年广西海洋生产总值及其占比

1. 实施海洋生态与经济协调发展战略，将广西生态优势转化成经济优势，实现与东南沿海的海洋强省的错位发展

显然，广西的海洋经济发展水平与东南沿海省份有很大差距。以广东省为例，2019 年该省海洋生产总值达 21059 亿元，是广西 1664 亿元的 12 倍多。因此，要立足并挖掘广西的生态优势，研究和探索生态与经济的耦合发展，将生态优势尽可能转化成经济优势，不失为当前广西高质量发展的良策之一，也是与东南沿海发达省份错位发展的必然要求。

2. 增强海洋生态经济意识，提高全民参与度

创新宣传教育形式，充分发挥抖音、微信公众号等新媒体平台的作用。由于各种原因，广西的海洋生态保护和海洋经济发展没有受到足够的重视，导致目前大家对海洋生态经济发展认识不够、意识不强。在加强学习强国、八桂先锋等学习和宣传教育平台使用效果的同时，创新宣传教育形式，利用抖音、微信公众号等新媒体平台加强习近平生态文明思想的宣传学习和贯彻落实。

提高全民参与度。借助世界海洋日等节日，相关单位到涉海机关单位和沿海地区各社区开展海洋生态经济理念宣讲和海洋生态经济知识普及，提高干部的科学管理水平，增强老百姓们的海洋生态经济发展意识，从而提高全民的海洋生态保护的参与度。指导和提升全国海洋日广西主会场永久举办地——北部湾大学的办会品牌价值，不断扩大影响力，使之成为提高全区人民参与海洋生态环境保护的意识，推动向海经济高质量发展的重要平台。

北部湾海洋生态经济发展中，必须要树立正确的海岸带生态经济发展观，统一思想，深化认识，强化生态意识，在已有的海洋生态环境基础上，以不破坏海洋生态系统、提高海洋经济效益、人类社会与自然和谐发展为目标，逐步实现生态保护与经济发展相协调，把生态经济理念贯通于各项工作中。广泛开展生态文化教育，增强投资决策者的环境保护意识，从传统的经济发展模式转变为新型的生态经济共同发展模式，在项目的引进及建设方面，项目投资决策者不能以牺牲环境的代价来换取企业的经济效益，使北部湾海岸带资源得以持续发展、经济持续增长、人与自然和谐共处、环境资源与经济相互促进（黎树式等，2010；黎树式，2011）。

3. 加强海洋生态经济法律制度体系建设，加快生态法治进程

现有的海洋生态保护制度和海洋经济发展制度相对较多，海洋生态保护与海洋经济发展相结合方面的制度出台很少，与现阶段的海洋生态经济发展需要不相适应。建议结合广西海洋实际，认真落实《海岸线保护与利用管理办法》和《广西壮族自治区湿地保护条例》等海洋生态经济相关的法律法规，同时研究出台广西海洋生态经济发展规划和实施方案，逐步完善广西海洋生态经济法律制度体系，为保护广西海洋生态和发展向海经济提供制度保障。

同时，必须重视生态经济规划制度建设。制定关于生态经济规划的制度，合理开发海岸资源，实现海岸资源可持续利用和海洋事业的协调发展，使之成为北部湾河口海岸的资源与环境保护及实现区域生态经济协调发展的最有力和最有效的手段，为北部湾海洋生态经济发展提供良好的法制环境。我国先后出台了《山东省海岸带规划》《辽宁海岸带保护和利用规划》等海岸带相关规划，以实现海岸带的可持续发展（毛蒋兴等，2019）。北部湾相对于国内其他海湾而言发展较晚，经验不足，但近年北部湾地区的经济快速发展，沿海地区政府相继出台了多条促进北部湾生态经济发展的政策，如防城港市出台了《防城港市海岸带保护条例》，建立了海洋公益诉讼协作机制；钦州市沿海、沿江地区在生态补偿、生态购买和可持续发展等制度创新的前提下，制定各种税收、补助、贷款、承包和租赁等优惠政策，并完善创新制度和优惠政策的长效机制、监督机制、竞争机制和动力机制，逐步实现区域生态与经济的制度互动（黎树式和谢璐，2011）。

4. 优化海洋产业的结构调整，树立海洋经济绿色发展向导

《中国海洋经济发展报告2020》显示，2019年，我国海洋生产总值超过8.9万亿元，海洋经济对国民经济增长的贡献率达到9.1%，海洋是高质量发展的战略要地。前面提到，近年来特别是2017年4月习近平总书记到广西考察时提出"向海经济"后，广西的海洋经济发展已逐渐提速，但无论在总量上还是单项上，均与东部沿海地区差异较大。根据《2019年广西海洋经济统计公报》，2019年广西海洋生产总值1664亿元，占地区生产总值的7.8%。而同年广东海洋生产总值达21059亿元，占地区生产总值的19.6%。从海洋产业结构上看，广西的产业结构比为 15.8：29.9：54.3，而广东的产业结构比为：1.9：36.4：61.7。不难看出，广西的海洋经济总量偏低，海洋产业结构有待优化，第一产业比重过高。因此，建议优化沿海三市的产业布局，一改过去"撒胡椒面"做法，重点支持区域优势特色产业。第一，做大做强防城港国际医学开放试验区（中国），与东盟国家强强联合重点发展海洋生物医药业及其下游产业。第二，抓住陆海新通道和中国（广西）自由贸易试验区钦州港片区等国家平台，优先支持钦州市发展海洋交通运输业及其配套。第三，充分发挥北海市的知名旅游目的地品牌，重点支持北海市发展滨海旅游业等海洋服务业。与此同时，重视海洋可再生能源利用业等海洋新兴产业的培育与扶持。值得一提的是，因为发展基础薄弱，海洋渔业、海洋化工业和海洋矿业等传统产业的发展，仍然是近期区域发展的重要任务，但必须按照生态经济协调发展的要求，加快完成转型升级。

5. 加强海洋科技人才的引育，加大涉海科研院所的建设力度

在海洋强国战略指引下，国家和地方全力支持海洋高等教育发展，我国海洋高等教育进入了高速发展期。据不完全统计，截至 2020 年，我国涉海类高校已超 200 所，而广西的海洋高等教育远远落后于全国。目前广西仅有北部湾大学、广西大学（海洋学院）、南宁师范大学（地理与海洋研究院）、广西民族大学（海洋与生物技术学院）和广西海洋学院（公示中）等为数不多的几所涉海高校。涉海的科研院所和研究平台偏少，涉海国家重点实验室缺失，国家级平台仅自然资源部第四海洋研究所一个，省级平台也不多，仅有广西壮族自治区海洋研究院、广西科学院和广西红树林研究中心等几个。

因此，有如下建议：第一，建立海洋生态经济发展人才智库。海洋生态经济是一个综合性复合型的领域，高校在整合和培养复合型人才方面有独特优势。建议大力扶持北部湾大学培养做大做强海洋产业需要的海洋人才，培养和引进海洋高层次人才，打造广西海洋人才高地。第二，组建高水平生态经济发展研发团队。整合区内人才资源、科研条件资源，组建高水平研发团队，尽快摸清北部湾生态环境和经济发展的家底，并在关键领域进行科技攻关，争取 3～5 年在北部湾海洋资源开发、智慧海洋和海洋碳汇等领域占一席之地。大力支持北部湾大学与自然资源部第四海洋研究所强强联手，承担国家重大课题，在北部湾海洋生态经济发展上显责任和担当。第三，筹建中国—东盟海洋生态经济发展中心。与东盟相关国家广泛开展合作，打造北部湾海洋生态经济发展示范区，筹建中国—东盟海洋生态经济发展中心。

6. 因地制宜，发展区域特色生态经济

广西北部湾作为我国为数不多的洁净海湾之一，在发展经济的同时，我们应正确认识北部湾海岸带区域的资源环境承载力情况以及海岸带地区人海关系的主要矛盾，结合区域特色，发展一种尊重生态原理和经济规律的、具有区域特色的生态经济，建立复合型的、高利用、低污染的海岸带良性循环生态经济系统。以北部湾的沿海城市钦州市为例，钦州港片区重点发展石油化工业、电力工业、造纸业和物流业等，并借助现有的燃煤电厂、粮油加工、林浆纸一体化项目、中石油 1000 万 t 炼油厂等重大项目及其后续项目，广泛推广清洁生产、加强污染防治。农业方面可加强荔枝、香蕉、龙眼等水果种植的布局和品种结构优化，重点扶持现代农业，走高产、高效、优质的集约化农业发展道路，发展流域优势的特色产业，形成特色农业新格局；此外开发生态和旅游等绿色功能，钦州市旅游资源丰富，因地制宜，可综合发展集农业观光旅游、渔村旅游、民族风情旅游、滨海旅游、休闲度假游与特色工业旅游于一体的北部湾海岸带资源特色旅游产业带（黎树式，2009；黎树式和林俊良，2010；黎树式和谢璐等，2011）。

第 9 章 广西北部湾河口海岸脆弱性分析

河口是流域和海洋的枢纽,既是流域物质的归宿,又是海洋的开始。海岸是陆地和海洋的纽带。河口海岸是陆海相互作用的集中地带,各种过程(物理、化学、生物和地质过程)耦合多变,演变机制复杂,生态环境敏感脆弱(陈吉余,2007)。在一定的社会、经济、文化背景下,海岸环境响应陆海人类活动和自然环境相互作用过程中表现出一种易于受到损害的性质(黄鹄等,2005)。本节主要从地质灾害、海平面上升、极端天气和强烈人类活动等方面分析广西河口海岸的脆弱性。

9.1 地质灾害时有发生

广西地处东南沿海地震带西段和右江地震带,是华南地震活动最活跃的地区之一,全区 14 个地级市均发生过破坏性地震。公元 1318 年以来,广西陆域共记载和记录了 5 级以上地震 22 次,其中 6 级以上 3 次,最大为 1936 年 4 月 1 日广西灵山 6.8 级地震,此次地震也是迄今为止华南内陆最大的地震,造成 300 多人伤亡(李蕾和聂冠军,2020)。广西海岛区地震是受两条活动性断裂带,即合浦–北流断裂带、防城–灵山断裂带和活动性盆地即合浦盆地影响而发生的(广西海洋开发保护管理委员会,1996)。由于这些活动构造的影响,北部湾不时有小震活动。据广西地震局监测记录,1970~1985 年,北部湾及其沿岸共发生大于 3.0 级的地震 6 次,这些地震震级较小,对广西河口海岸地区尚无明显破坏作用。

9.2 海平面变化较显著

海平面指的是海洋水体表面的相对于一个固定参照面的高度,由于海水运动较为复杂,且海平面时刻变化,目前有关海平面的所有研究中,海平面均指的是某一时段内的一个平均值(周雄,2011)。海平面上升是造成海岸侵蚀的一个重要因子,而海平面上升的主要原因是随着化石燃料消耗量剧增,大气中 CO_2 浓度增加,以致温室效应增加,导致冰川融化和海水膨胀,最终导致海平面上升(黎树式等,2019)。以广西河口海岸为例,广西沿海三市的原煤、焦炭等消费近年来呈上升趋势,高于油气消费,碳排放总量呈上升趋势。且沿海三市的地区生产总值与碳排放总量呈正相关趋势,碳排放总量会随着经济的发展而升高(黎树式等,2016b)。

广西北部湾海平面变化比较显著,2007~2015 年广西北部湾沿海平均海平面均高于常年海平面,平均高出常年海平面62.44mm,最高是 2012 年的108mm,最低为 2007 年的27mm(图 9-1),表现出较强的气候变化响应特征。月平均海平面变化则有较大差异,1~4 月整天海平面均低于常年平均海平面,最低值−130mm 出现于 2008 年 2 月;9~11 月则平均高出常年平均海平面200mm 左右,其中最高 290mm 出现在 2012 年 10 月(图 9-2);显而易见,9~11 月是广西北部湾沿海地区季节性高海平面时期,与这个时期高温、热带气旋等极端气候事件时常发生相关(黎树式等,2017b)。

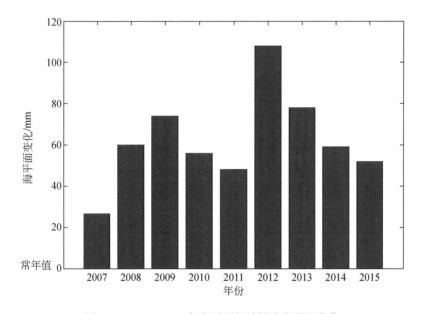

图 9-1 2007~2015 年广西北部湾沿海海平面变化

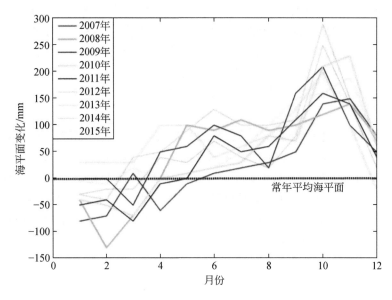

图 9-2 广西北部湾沿海月平均海平面变化

9.3 入海污染物增多, 水质恶化趋势明显

陆源污染物是造成近岸海域污染的一个重要因子。广西是畜禽养殖主要地区, 生猪、鸡鸭的养殖量在全国排在前列, 近年来, 随着消费需求提高, 陆地畜禽养殖量不断增加, 污染治理却没能得到加强, 大量污染物随着河流排放入海, 污染物总量呈波动上升趋势。

根据中国海洋环境公报, 南流江 2007~2012 年期间的 COD (化学需氧量)、石油类、重金属和砷等入海污染物呈明显上升趋势, 钦江、防城江的 COD 入海量也在上升。统计数据显示, 广西入海河流中南流江的入海污染物排放量最大 (林俊良等, 2018)。入海河流携带的污染物如化学需氧量、重金属等导致河口海岸区域海水富营养化、海湾赤潮发生频次增加 (黎树式等, 2014a), 近岸水质污染严重。如钦州湾区域, 春耕时节, 入海河流携带的污染物加大、内湾污染物最为严重, 且从内湾入海河口至外湾呈降低趋势, 氮营养盐、Cd 成为水质污染的主要驱动因子 (杨斌等, 2017)。

9.4　输沙量呈减小趋势，沉积环境受影响

入海泥沙通量的变化是目前国际大河流域–河口关注的焦点（Dai et al., 2011），受观测年份限制，北部湾入海河流较少有长时间的河流入海泥沙观测数据。在此以南流江为例，南流江是广西南部独自流入大海诸河中流程最长、流域面积最广、水量最丰富的河流。但同时也是受人类经济社会影响最大的河流之一。南流江的输沙量受降水量、土壤侵蚀、水土流失和非法采沙等自然和人为因素影响较大。1955～2000 年，南流江年平均含沙量上游大于下游，但输沙量下游大于上游（徐国琼，2003），平均含沙量常乐站下降趋势显著，自 20 世纪 50年代的 0.2kg/m³ 左右到目前不到 0.1kg/m³，这对南流江三角洲的发育和海湾的沉积环境明显不利。1965～2013 年，南流江上游水沙分别年均下降 13.9% 和22.28%，相对而言，下游年均下降则是 33.72% 和 49.05%（Li et al., 2017）。近几十年来钦江的流量和输沙量均呈下降趋势，其中输沙量下降趋势更为显著（黎树式和黄鹄，2018）。

9.5　海岸线变化与海岸侵蚀

对 1991～2010 年间北部湾北部的广西海湾岸线变化的研究表明，北仑河口的竹山港、大风江口东岸、钦州湾的茅尾海和钦州港以及铁山港区域变化明显，港口码头建设、沿海城市建设、围海造田等是岸线变化的主要影响因素。以钦州湾为例，钦州港岸段向海淤进的幅度十分明显。平均向海淤进 2752.46m，淤积面积达 10.76km²，其岸线平直化程度很高。原因是在 20 年内进行了三期港口扩建工程以及中石油项目的扩建后，原本的淤泥质海岸已经变成了人工海岸，体现了近 20 年来该区强烈的人类活动。围填海等人类活动的加剧，将加重海岸的侵蚀和加大地面沉降危险，导致海湾生态环境灾害发生可能性增大，损失量加大（葛振鹏等，2014）。

如前所述，北部湾主要海湾地处海陆相互作用典型区，受海平面变化、台风、风暴潮等全球变化影响明显，海岸侵蚀严重。广西大陆海岸线长 1629km，其中，海岸侵蚀岸线长 219.77km，占大陆岸线的 13.49%（陈宪云等，2013）。北部湾北部有以下岸段的砂质海岸处于侵蚀状态：英罗港与铁山港之间的乌泥至沙田段、北海市南岸营盘镇岸段、北海市南岸银滩开发区大冠沙至冠头岭段、廉州湾东岸高德至垌尾段、钦州湾口门西侧新至企沙天堂角段、北仑河口满尾岛南岸和北仑河口竹山街至罗孚江口段。其中，北海银滩在目前人类活动和海平面上

升的双重影响下，海岸侵蚀达 10.40m/a（黄鹄等，2007）。

9.6　赤潮频次增加

海湾赤潮主要是由流域和沿岸污染物超标排放造成的，是海湾富营养化的重要表征，对海岸生态环境和渔业等危害很大。尽管北部湾受人类活动的开发相对较短，但 1995～2011 年北部湾北部较大规模的赤潮亦发生 12 次。其中，20 世纪的 1995～1999 年间，北部湾北部海湾发生了 2 次赤潮，分别是北海市廉州湾和涠洲岛南湾港附近海域，赤潮面积都小于等于 10km^2；21 世纪初的 2000～2005 年发生了 5 次赤潮，主要集中在北海涠洲岛海域，其中，2004 年 6 月在南湾东南方海域和 2002 年 6 月在涠洲岛东南面发生面积分别为 40km^2 和 20km^2，其他次赤潮面积小于等于 10km^2。2006～2011 年，共发生了 5 次赤潮（黎树式等，2014a）。其范围除了发生在涠洲岛，还扩散到钦州湾和北部湾其他海域，呈现频次增加、一年多发的特点（徐国琼，2003），2010 年 5 月发生在广西北部湾海域的赤潮面积为 150km^2，是北部湾北部赤潮面积最大的一次。

9.7　湿地生态环境遭受破坏

广西北部湾海岸拥有滩涂 1005km^2，0～5m 浅海面积为 1437.56km^2，沿海 0～20m 等深线浅海面积 6488km^2（何显锦等，2013），湿地资源丰富。然而，铁山港港域周边的工业企业污水、城镇生活污水、河流污水、农用污水、船舶污水及养殖业的污水等污水排放入海，港内重金属和有机质含量明显偏高，铜和镉含量出现超标现象，港域的污染给海域生物带来严重的影响。由于不被重视和管理不善，围海造田、围滩造塘、修建堤围、码头等造成滨海湿地面积的流失（李桂荣，2008）。至 1997 年，北仑河口红树林面积只剩下 11.31km^2，与 50 年代以前相比，损失了 1/2 以上的红树林，毁林面积较多，失林率高，存林率低，近期北仑河口红树林生态系统底栖生物密度和生物量偏低，处于亚健康状态（1997 年北仑河口海洋自然保护区本底资源调查综合报告）。圈林养殖、人为挖掘和虫害导致广西山口红树林国家级自然保护区红树林密度有所下降。

9.8　溢油污染风险增加

随着北部湾北部海岸经济社会的发展，特别是石油进口量的不断增加和炼油项目的进驻，北部湾北部海湾及外海域的溢油风险增大，其风险源主要有：船舶可能造成的溢油事故（如海损事故造成溢油、装卸作业造成溢油、船舶油污水）、钻井平台、海底管线、水上供受油作业等（曾俊备，2010）。中国石油钦州千万吨炼油项目入驻钦州港后，出现大量油轮、地面管线和海底管线、钦州湾及外海域溢油污染风险大。如2008年8月，广西北海市正南约20n mile处的有中国"最年轻火山岛"之称的国家地质公园涠洲岛遭受溢油污染，环岛受到不同程度的污染，景区海滩、火山熔岩景观严重污损（梁思奇，2008），2008年8月16日、8月23日、8月27日、11月3日在涠洲岛西南海域出现四次溢油事件，2009年7月27日，在广西北海市涠洲岛西南部海滩发生了溢油污染事件，同年8月26日，桂北渔8808号渔船因起火沉没，有7~8t柴油溢出；2011年8月5日，在涠洲岛西北方向发现了约3km²的不明油污漂浮带；2012年8月18日，因台风影响，在廉州湾海关内港码头发生溢油事件。2011年海底管道破裂造成溢油的最大风险排放量约1541m³，海底管道发生破裂时最大风险溢出量的总量为4992m³（陈圆和青尚敏，2003）。

9.9 风暴潮频率增加

北部湾北部过去的100多年，风暴潮灾害较严重，数量呈增加趋势。1900~2012年间广西北部湾遭受台风风暴潮24个，其中2010~2012年5个，2000~2009年11个，1990~1999年3个，而1900~1989年90年间有记载的只有5个（图9-3）。从总体趋势看，100年来广西北部湾风暴潮有增加趋势。据不完全统

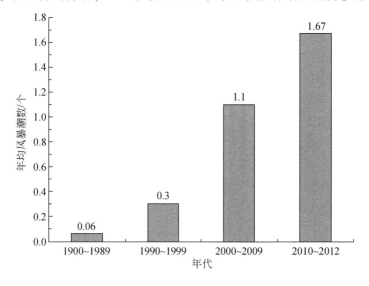

图9-3 北部湾北部1900~2012年间年均风暴潮数

计，广西北部湾风暴潮共造成至少78人死亡（未包括无记录事件造成的死亡），直接经济损失至少73.49亿元（不包括无记载的1900～1989年数据），其中，1990～1999年、2000～2009年和2010～2012年的年均损失分别为2.63亿元、3.14亿元和3.94亿元，显然，20多年来年均直接经济损失呈增加趋势。此外，据初步统计，2001～2006年间北部湾沿海地区共发生较大洪潮灾害12次，热带风暴3次，天文大潮4次（胡锦钦，2008）。

综上，北部湾北部流域与河口海湾之间存在密切关系，是区域陆海相互作用的典型过程。北部湾北部各河流的污染物通量将会直接影响河口海湾的水环境状况。而河流的含沙量和输沙量对海湾港口的影响很大，溢油污染、台风风暴潮也会造成海湾与河口环境恶化、海岸侵蚀等后果。

9.10　热带气旋灾害增强

热带气旋是热带海洋大气中形成的中心高温低压的强烈涡旋的统称（张庆红和郭春蕊，2008），具有破坏力大、突发性强等特点。受气候变暖和海平面上升影响，在过去的30年，全球热带气旋虽在频率上变化不大，但其持续的时间和所释放的能量却增加了50%以上，破坏性更大（Emanuel，2005；Webster et al.，2005）。我国是世界上热带气旋登陆最多的国家之一，平均每年登陆我国的热带气旋有七八个（张振克和丁海燕，2004；陈联寿等，2004；程正泉等，2007），造成的损失具有不断增加的趋势。

过境热带气旋尤其是从西太平洋方向过境的热带气旋由于雷州半岛的阻挡，热带气旋中心气压和风速一般会减弱，但热带气旋中心越过雷州半岛，北部湾地区大湾套小湾的较为封闭环境则容易造成更大的台风灾害及次生灾害。其中风暴潮导致的年均直接经济损失自1990～1999年的2.63亿元、2000～2009年的3.14亿元，到2010～2019年已上升达3.95亿元（黎树式等，2014a）。

与其他海域相比，广西北部湾为毗邻南海北部的半封闭港湾，遭受来自西太平洋和南海热带气旋的严重影响，其中台风级别的热带气旋是影响广西北部湾地区热带气旋中所占比例最高的类型，区域的防灾减灾形势十分严峻。基于上海台风研究所的相关热带气旋数据，分析热带气旋时空变化特征，结果表明：

（1）1949～2012年影响广西区域的热带气旋共305个，平均每年4.8个。

（2）影响广西北部湾地区热带气旋数量呈逐年减少趋势，发生时间主要集中在7、8、9月，这三个月的热带气旋个数占总数的63.28%，其中8月份占比例最高，达26.89%。

（3）影响广西北部湾地区频度前三的热带气旋类型依次为台风、强热带风暴和热带低压，年代际热带风暴、强热带风暴影响个数呈波动上升趋势，超强台风近期有下降趋势，但热带风暴在年代际尺度上呈上升态势；由于海南岛、雷州半岛的屏障作用，进入广西北部湾的热带气旋强度大多降至强热带风暴和热带风暴。

（4）北部湾地区以西太平洋热带气旋为主，主要路径为西北方向，且存在一定的振荡规律；热带气旋平均气压、平均风速、最大气压和最大风速有 5 年的短期变化周期和 10 年的长期变化周期。

9.11　人类活动加剧

河口海岸地区为海洋经济建设的热点之一，近年来海洋经济迅速发展，沿海地区人口剧增。沿海城市建设、港口建设、产业聚集及滨海旅游等人类活动频繁。以广西北部湾河口为例，2000 年至 2007 年 8 年间，北部湾地区沿海三市填海造地总面积为 962hm^2，但 2008 年至 2012 年 5 年间，三市填海造地面积分别达到了 1039hm^2、1689hm^2 和 2380hm^2。大面积围海造地，占用滩涂湿地，海岸侵蚀严重，在一定程度上使区域生物多样性减低影响渔业资源，降低海岸生态系统服务功能，同时填海造成海湾纳潮量减少，海域环境容量降低，水体自净能力减弱。

第 10 章 广西北部湾河口海岸一体化管理

河口是河流进入海洋的区域，是流域和海洋连接的枢纽。海岸是陆地与海洋的分界线，河口是没有岸线的海岸，海岸包含着河口。河口海岸是海洋与陆地的交汇地带，河口与海岸的关系密切，河口海岸是一个统一体，应当进行一体化管理。

10.1 河口海岸一体化管理的概念

一体化理论的本质内涵是如果将互有联系的分散的个体组合成一个有机的整体，那么该整体发挥的作用将远超出各个个体发挥作用的简单相加，从某一角度讲，一体化就是寻求和制定一定的规则和方法，促使分散无序的单元形成聚合（耦合）有序的系统，以防止能量耗散，从而实现最佳的整体效应（金兆成，2001；王树功和周永章，2002）。

河口海岸一体化管理，是指把对河口海岸资源环境的保护、开发、利用和管理，以及经济社会的发展等方面看作整体并建立一个完整而全面的管理体系，依靠政府部门、大众、非政府组织的参与对河口海岸进行综合协调管理，减少单个部门或组织管理时不必要的资源消耗，提高海岸管理效率，最终实现"人"与"河口海岸"的和谐共生，形成人–河口–海岸命运共同体。

10.2 河口海岸一体化管理的原则

河口海岸的管理需要注重可持续发展，在开发利用和环境保护中寻找平衡点。在管理过程中不能只依赖于某个领域或某个部门进行管理，需要多方配合、全民参与共同管理。实行河口海岸一体化管理要遵循以下几个原则：

（1）可持续性原则。河口海岸的生态环境系统较为脆弱，而人类在附近进行生产生活活动，容易对其生态系统的稳定性产生影响，利用不当就会造成无法挽回的破坏性后果。因此，为了维护当代人和后代人的利益，在对河口海岸进行管理时一定要注重可持续发展。根据可持续发展原则，在对河口海岸进行一体化管理时，注重生态优先的理念，在河口海岸保护与利用之间找到适当平衡与统一，提高科技水平，促进经济发展，减少环境污染，保障人民健康和生活水平，要做到以人为本，和谐发展，构建环境友好型社会。

（2）因地制宜原则。不同地区的海岸有不同的自然环境和人类环境特点，即使环境相似的海岸管理有相通之处也要根据实际情况制定管理策略。北部湾地处我国西南沿海，周边有广东、海南、福建、台湾，虽然它们都处于同一温度带，地理环境相似，但是各自对海岸的管理方式都有所不同。因此，对海岸管理时应该要因地制宜。

（3）共同参与原则。在大众的认知中，对于河口与海岸的管理多是政府的一个部门或者管理机构进行管理，所以，人民群众自身对于海岸管理的参与兴趣和参与程度并不高，对于保护海岸环境的责任感较为薄弱。即使有群众自愿为保护海岸出一份力，但是没有形成规模的组织，也不能充分发挥公众保护海岸的力量。个人的参与对于河口与海岸的管理很重要，河口海岸包含的不同城市区域的参与也同样重要。一个海湾包括的范围往往不止一个城市，不同的城市有不同的发展方向，在发展过程中可能会与其他城市的海岸管理策略有所冲突，达不到预想的管理效果，因此就需要海湾范围内的城市共同协商管理策略、明确分工，达成统一的海岸管理共识，构建友好的管理平台。河口海岸一体化管理需要的不仅仅只是一个城市或一个国家的努力，在邻近别国的海岸也需要他国参与，也需要一个良好的管理平台。

（4）统筹规划原则。河口海岸管理需以其环境容纳量为界限，考虑环境生态系统进程有时限的变化性和效应的滞后性等特点，需要管理策略的制定者有长远的目光来制定优先管理的长远目标。河口海岸包括流域、海岸、海洋，海岸管理包括海洋管理和陆地管理，海洋陆地统筹、统一规划可以更综合、更全面地对河口海岸进行管理。

（5）长期性原则。建立完整成熟的河口海岸一体化管理体系并不能一蹴而就，需要相关律法的完善、管理部门的建立、公众参与意识的培养、政府的重视与扶持等。同时，还要考虑目标的长远性和可适应性。

（6）协调管理原则。海岸一体化管理可以参考海湾集成管理（黎树式等，2014b）的方法，就是通过"四多一高"（即"多学科综合、多区域参与、多部门联合、多国家合作和高协调度"），实现"流域–海岸–海湾"三位一体的综合管理。对河口海岸进行综合协调管理也就是各部门间、政府间、海陆间、管理与科学之间的协调管理可以更全面更有效地对河口海岸进行综合管理，为一体化管理减少阻力。

10.3 广西河口海岸一体化管理的主要内容

河口海岸一体化可以分为河口海岸资源环境一体化和河口海岸经济社会一体

化两个方面的内容（图10-1）。资源环境一体化主要涵盖河口海岸环境共治、河口海岸资源共享、河口海岸生态共护、河口海岸安全共建等四个方面内容。河口海岸环境共治是指以北部湾河口海岸为整体，统筹治理流域、河口和海湾的环境问题。河口海岸资源共享主要是基于北部湾河口海岸资源利用最大化，整合和共享该区域资源，促进资源要素的有效流通，提高河口海岸资源利用率。河口海岸生态共护说的是通过宣传、教育普及，在民众中形成保护河口海岸生态环境的高度共识并付诸实践。河口海岸安全共建主要是指河口海岸地区的各个相关部门建立协调和协商制度，建立北部湾河口海岸资源环境委员会，统一制定资源环境安全预警机制和预案，共同建设美好河口海岸。

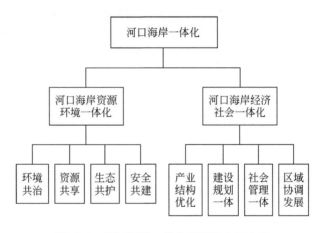

图 10-1　河口海岸一体化管理的主要内容

北部湾经济社会一体化的主要内容是：产业结构优化、建设规划一体、社会管理一体和区域协调发展。产业结构优化就是通过优化生产力布局，实现在有限时间、空间和资源供给条件下结构调整的高效率；通过集群发展，提高产业发展的集中度和辐射性；通过创新发展，着眼促进优势产业高端化、传统产业品牌化和新兴产业规模化。建设规划一体，即统筹道路建设、公共设施建设和信息化建设，提高区域信息化水平。社会管理一体就是树立基本公共服务均等化理念，以户籍制度改革为主线，解决好就业和生活保障问题。区域协调发展，就是按照客观经济规律调整完善河口海岸相关的政策体系，发挥区域内各地区比较优势，促进各类要素合理流动和高效集聚，增强中心城市和城市群等经济发展优势区域的经济和人口承载能力，增强其他地区在保障粮食安全、生态安全、边疆安全等方面的功能，形成优势互补、高质量发展的经济布局。

10.4　广西北部湾河口海岸一体化管理对策

在上述分析的河口海岸一体化理念的指导下，河口海岸一体化管理可以通过更新观念、规划先行、科学研究、综合管理和有效监督等五个主要路径来实现（图 10-2）。

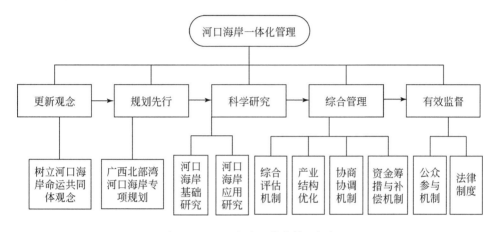

图 10-2　河口海岸一体化管理框架

10.4.1　更新观念，树立河口海岸命运共同体观念

由于缺乏全面认识和保护意识，在过去的很长时间，河口海岸的资源被无序开采，如自然岸线资源的无序利用和生物多样性资源的破坏等。河口海岸生态环境也由于人口急剧增长和临海工业的迅速扩张遭到威胁，河口海湾的水质下降趋势明显。因此需要通过大力宣传和普及教育，在全社会建立一个全新的河口海岸观，即河口海岸生态经济协调发展观，构建河口海岸命运共同体，实现人与河口海岸和谐共处。

10.4.2　规划先行，编制河口海岸专项规划

2019 年 5 月 10 日，《中共中央、国务院关于建立国土空间规划体系并监督实施的若干意见》发布，将主体功能区规划、土地利用规划、城乡规划等空间规划融合为统一的国土空间规划，实现"多规合一"。国土空间规划体系包含三种编制类型，分别是总体规划、与之对应的详细规划，以及相关的专项规划。其中，专项规划是指在特定区域、流域和特定领域，为实现特定功能，对空间开发

和保护利用做出的专门安排，均是涉及空间利用的相关规划（赵龙，2019）。目前，海岸带规划作为唯一的海洋空间类专项规划，继承和代替原来的海洋功能区划和海岛保护规划的管控作用，同时聚焦解决海岸带地区的陆海矛盾冲突，起到对海岸带地区进行陆海统筹综合管控的作用（林静柔等，2021）。

河口海岸具有人口密集、产业聚集和生态环境脆弱等特点，是海岸带最重要的区域，建议考虑将河口海岸专项规划纳入专项规划中。北部湾位于中国海岸线最西段，有着沿海、沿边等特点，区位优势明显，是有机衔接"一带一路"、西部地区货物出海出边的主通道和区域全面经济伙伴关系（Regional Comprehensive Economic Partnership，RCEP）框架下连接中国与东盟地区的最快速、最便捷通道，开展《北部湾河口海岸专项规划》编制工作，将是《西部陆海新通道总体规划》的有益补充，对广西北部湾河口海岸的经济社会、生态环境的可持续发展有重要意义。

10.4.3　科学研究，构建"河口-海岸"的一体化研究体系

相对于我国其他河口海岸而言，广西的河口海岸的研究具有起步较晚、积累的研究成果不多、长时间序列的基础数据缺乏的特点。目前正处于经济社会发展上升期的广西北部湾应站在更高的起点，吸收渤海湾等海湾发展的经验和教训，促进地学、海洋学、水文学、河口海岸学等学科在大海湾系统的交叉与融合，加强大海湾系统的本底调查研究，尽早将长期观测网覆盖全海湾，研究入湾河流系统、海湾自身系统和海湾之外海域系统的相互关系，建立"河口-海岸"的一体化研究体系（黎树式等，2014b）。主要是围绕河口海岸，开展河口海岸"动力-沉积-地貌"、河口环境与生态、近岸资源与环境、环境海洋、海岸工程、人工岛礁岸线安全与工程防护技术等基础研究和应用研究，与河口化学过程、生物过程、地球化学过程、动力地貌演变等进行多学科交叉，针对河口海岸的独特性，建立河口海岸学多过程多学科交叉的有机研究体系，扩展"流域-河口-陆架-岛礁"体系研究。尤其要重视河口海岸基础研究与应用研究相结合工作，为近岸工程、生态环境修复等提供技术支撑和科学依据。例如开展钦州湾"动力-沉积-地貌"系统研究，为西部陆海新通道运河——平陆运河提供技术支撑和科学依据。再如开展海滩养护应用研究，保护海岸减缓或免受侵蚀。针对不同类型的海滩，可采用不同的方法与对策。对三娘湾、蒲尾金滩、白浪滩等淤泥质海滩可实施退养（塘）还滩、促淤保滩等自然修复工程；对于怪石滩等基岩海岸，可采用人工构筑物清除、海岸危石和弃渣清理、植被恢复、生态重建等措施恢复海滩的自然状态；而对于钦州湾红树林湿地与北海红树林生态保护区海滩可采用植被修复、退养还滩等策略保护海滩生态系统的运行。

10.4.4　综合管理，完善河口海岸管理体制机制

1. 建立河口海岸生态经济综合评估机制

为加强河口海岸的综合管理，探索更为有效的生态空间管控方法，在分析自然环境特征和关键生态环境问题的基础上，运用 3S［全球定位系统（GPS）、遥感（RS）、地理信息系统（GIS）］技术、数学模型和实地调查等方法对其主要生态环境敏感性、灾害风险问题和经济社会发展进行综合评估，深入可开发的区域与宜管控的生态空间，以期助力生态环境保护和经济社会协调发展。同时，区域的经济、社会、环境政策都要进行环境影响评估，各行政区域在确定主导产业、实行区域开发过程中，也要进行环境影响评估。

2. 优化向海产业结构，建立产业联动机制

产业结构优化是实现经济社会一体化管理的重要内容。从中央到地方都非常重视向海经济的高质量发展，而一个区域的产业结构与经济增长有密切联系。目前北部湾河口海岸存在产业结构不尽合理和产业层次较低等问题，需要进行不断优化升级。一般不同区域处于不同的产业结构演进阶段，区域间的产业联动可以促进区域产业结构调整，同时产业结构优化调整是区域产业联动的主要推动力之一，两者相辅相成、相互促进。根据全球经济发展新态势和我国产业发展新阶段和新任务，结合北部湾河口海岸区域产业发展所处的阶段和发展基础、区位、资源、政策等条件，提出产业结构优化升级建议：①大力发展海洋交通运输业，做大做强广西北部湾港，依托西部陆海新通道平陆运河，打造中国—东盟区域性航运中心；②加快发展海洋产业，重点发展海洋生物药物和制品、海洋渔业、海洋油气业和滨海旅游等产业；③大力发展现代服务业，重点发展现代物流、金融、信息、电子商务等生产性服务业；④培育发展战略性新兴产业，发展资源循环利用和环保等节能环保产业，以及扶持发展核电、太阳能、潮汐能、风电、生物质能源等新能源。

3. 建立"河长+湾长"机制，构建河口海岸适应性管理平台

河口海岸管理是个庞大的系统工程，涉及水利、环境、交通、电力、农业、林业、自然资源、计划和财政等多个部门，各部门的各自为政、互不协调，不利于河口海岸的保护和合理、有效利用。因此，有必要建立"河长+湾长"机制，健全"市-区-镇"三级组织体系、机制，既发挥河长和湾长各自的行政效率，又要兼顾发挥两者的综合协调能力，进一步落实河口海岸管理部门综合协调管理。

适应性管理是克服静态评价和环境管理的局限，通过对全体的管理，促进其学习和自身提高而增强有效适应不确定性的方式，是围绕系统管理的不确定性展

开的一系列设计、规划、监测、管理资源等行动，确保系统整体性和协调性的动态调整过程。效果好、效率高的海湾综合管理应该是一种适应性管理。适应性管理平台的建立是适应性管理成功与否的关键。就广西北部湾而言，首先要建立广西北部湾地区部门协商与合作制度，进而构建海湾科学数据共享平台，建立海湾生态环境监测预警预报系统，最后监测预警预报结果将及时反馈给海湾相关部门（黎树式等，2014b）。

整个流程中，不仅需要通过宣讲、培训等方式对广大民众进行宣传教育，统一保护海岸思想，转变利用海岸观念，规范海岸利用行为；还需要吸收利益相关的公众和部门作为管理队伍成员之一，充分发挥公众和部门的积极性和集体智慧，参与海岸综合管理工作的调查研究、管理方案调整、政策制定和信息反馈等环节，逐步探索公众参与海湾综合管理的长效机制。

4. 建立河口海岸资金筹措与补偿机制，搭建国际合作研究平台

对河口海岸的开发治理涉及海岸资源利用、环境生态保护、经济社会发展等多方面，完全依靠国家和各级政府的投入不太现实。应充分吸引社会和民间资金的投入，采取经济办法，尤其是灵活运用合适的市场手段，建立岸线资源利用和水资源使用等补偿机制。

与此同时，加强资源整合与国际合作。发挥广西海湾的区位和资源优势，在中国—东盟自由贸易区和广西北部湾经济区的整体框架下，遵循生态经济发展原则，在充分考虑和紧密结合东盟各国的海湾生态、经济社会发展需要的前提下，与东盟国家合作共建中国—东盟生态经济海湾，以期通过国际合作缓解和解决人类活动与海湾生态环境的矛盾。具体建议是，与越南、泰国、新加坡、马来西亚和印度尼西亚等东盟国家通过构建中国—东盟红树林合作研究中心、中国—东盟物流贸易合作中心、中国—东盟旅游合作开发中心、中国—东盟防灾减灾合作研究中心和中越国际河流合作开发中心等五个合作载体开展红树林、物流、旅游和防灾减灾方面的合作，最终实现广西海湾生态、经济、社会的可持续发展（黎树式等，2014b）。

5. 建立"流域–河口–海岸"三位一体河口海岸综合管理系统

广西北部湾的发展相较于我国其他海湾而言相对较晚，缺乏一定实验基础与观测数据，因此要实现北部湾河口海岸综合管理，合理利用和保护海岸带资源、促进海岸带的可持续发展。北部湾河口海岸应站在更高的起点，吸收其他海湾发展的先行经验和教训，促进各学科在大海湾系统的交叉与融合，加强大海湾系统的调查研究，尽早将长期观测网覆盖全海湾，对河口海岸的环境、生态进行全面的调查和动态的遥感、遥测与监控，研究入湾河流系统、海岸自身系统和海湾之外海域系统的相互关系，建立"流域–河口–海岸"的一体化河口海岸综合管理系统（黎树式等，2014b）。

10.4.5　有效监督，建立公众参与机制

　　河口海岸地区的各项规划制定和各种工程实施需要在当地政府的组织领导下，周边民众和相关企事业单位和社会组织的广泛参与。同时，建议通过各种途径聘请民间湾长、志愿湾长和社会监督员，进一步增强社会各界保护河口海岸的主人翁意识和责任意识。当地居民最了解当地的资源环境状况，也是当地环境最忠实的保护者，因此为了保护当地居民的环境权，促进生态系统的恢复和保护，有必要建立广泛的公众参与机制。公众参与包括信息的知情权、参与决策权、利益分配和责任分担等全方位的参与。具体而言，相关环境保护法律制度中的公众参与包括全过程的参与：对生态系统受损现状的知情，对当地政府采取的保护和修复治理工程的初步了解，对工程的合理性和可行性发表自己的意见，对工程建设全过程的监督和参与，对生态系统恢复结果的评价和反馈等。同时相关的企事业单位也有参与工程建设的风险评估和决策的权利（于晓婷，2014）。

参 考 文 献

曹庆先，何斌源，覃漉雁，等，2017. 广西海岛及周边海域镇填海红线研究. 海洋技术学报，36（2）：116-121.

陈波，邱绍芳，1999a. 北仑河口河道冲蚀的动力背景. 广西科学，6（4）：317-320.

陈波，邱绍芳，1999b. 谈北仑河口北侧岸滩资源保护. 广西科学院学报，15（3）：108-111.

陈波，董德信，邱绍芳，等，2011. 北仑河口海岸地貌特征与环境演变影响因素分析. 广西科学，18（1）：88-91.

陈波，董德信，陈宪云，等，2014. 历年影响广西沿海的热带气旋及其灾害成因分析. 海洋通报，33（5）：527-532.

陈波，陈宪云，董德信，等，2015. 登陆北部湾北部台风对广西近岸水位变化的影响分析. 广西科学，22（3）：1-6.

陈国达，1951. 中国岸线问题（节要）. 地质论评，（1）：133-134.

陈吉余，1996. 中国河口海岸研究回顾与展望. 华东师范大学学报（自然科学版），（1）：1-5.

陈吉余，2000. 中国河口研究五十年//陈吉余. 陈吉余从事河口海岸研究五十五年论文集. 上海：华东师范大学出版社，364-372.

陈吉余，2007. 中国河口海岸研究与实践. 北京：高等教育出版社.

陈吉余，陈沈良，2002a. 河口海岸环境变异和资源可持续利用. 海洋地质与第四纪地质，（2）：1-7.

陈吉余，陈沈良，2002b. 中国河口海岸面临的挑战. 海洋地质动态，（1）：1-5.

陈联寿，罗哲贤，李英，2004. 登陆热带气旋研究的进展. 气象学报，62（5）：541-549.

陈敏，蓝东兆，任建业，等，2012. 2008 年广西北仑河口海域水质状况评价. 海洋湖沼通报，（1）：110-115.

陈宪云，刘晖，董德信，等，2013. 广西主要海洋灾害风险分析. 广西科学，20（3）：248-253.

陈宪云，董德信，郭佩芳，等，2015. 北仑河口北冲西淤形成与环境因素的影响分析. 海洋通报，34（2）：175-180.

陈圆，青尚敏，2003. 广西北部湾海洋油污染影响与应急管理浅析. 海洋开发与管理，（3）：104-108.

成方妍，刘世梁，尹艺洁，等，2017. 基于 MODIS NDVI 的广西沿海植被动态及其主要驱动因素. 生态学报，37（3）：788-797.

程正泉，陈联寿，刘燕，等，2007. 1960—2003 年我国热带气旋降水的时空分布特征. 应用气象学报，18（4）：427-434.

戴志军，任杰，周作付，2000. 河口定义及分类研究的进展. 台湾海峡，（2）：254-260.

戴志军,张小玲,闫虹,等,2009. 台风作用下淤泥质海岸动力地貌响应. 海洋工程, 27 (2):63-69+95.

邓朝亮,刘敬合,黎广钊,等,2004. 钦州湾海岸地貌类型及其开发利用自然条件评价. 广西科学院学报,20 (3):174-178.

董德信,陈波,李谊纯,等,2013. 北仑河口潮流特征分析. 海洋湖沼通报,(4):1-7.

冯炳斌,王日明,黎树式,等,2021. 钦州湾人工海滩剖面变化过程. 热带海洋学报, 41 (4):51-60.

冯若燕,余静,李鹏,2016. 我国海滩管理问题成因分析及对策建议. 海洋开发与管理, 33 (9):33-36.

冯守珍,于甲,李杰,2010. 广西海岛海岸线变迁与动态变化及影响分析. 海岸工程, 29 (3):37-42.

冯增昭,2012. 中国沉积学. 北京:石油工业出版社.

高振会,黎广钊,1995. 北仑河口动力地貌特征及其演变. 广西科学,(4):19-23.

葛振鹏,戴志军,谢华亮,等,2014. 北部湾海湾岸线时空变化特征研究. 上海国土资源, 35 (2):49-53.

古小松,2007. 泛北部湾合作发展报告(2007). 北京:社会科学文献出版社.

关杰耀,2021. 鲎是一类古老而顽强的生物,不该在我们的时代走向落寞. 中国国家地理杂志,731 (9):197.

广西海洋开发保护管理委员会,1966. 广西海岛资源综合调查报告. 南宁:广西科学技术出版社.

郭雅琼,马进荣,邹国良,2015. 东兴市金滩西部棕榈岛内水体交换数值研究//左其华,窦希萍. 第十七届中国海洋(岸)工程学术讨论会论文集(上). 北京:海洋出版社:177-185.

郭雨昕,2019. 广西北部湾海草床生态经济价值评估与保护对策. 现代农业科技,(2):170-173.

国家海洋局直属机关党委办公室,2008. 中国海洋文化论文选编. 北京:海洋出版社.

何显锦,范航清,胡宝清,2013. 近十年广西海洋经济可持续发展能力评价. 海洋开发与管理,(8):107-112.

胡锦钦,2008. 浅析北部湾沿海地区台风暴潮灾害及防范措施. 珠江现代化,(2):26-28.

黄鹄,戴志军,胡自宁,等,2005. 广西海岸环境脆弱性研究. 北京:海洋出版社.

黄鹄,陈锦辉,胡自宁,2007. 近50年来广西海岸滩涂变化特征分析. 海洋科学,31 (1):37-42.

黄锡荃,1993. 水文学. 北京:高等教育出版社.

黄欣,2020. 南流江河口红树林潮沟鱼类群落时空分布格局及其与环境因子的关系. 桂林:桂林理工大学.

黄祖明,戴志军,黎树式,等,2021. 中强潮海滩剖面冲淤过程研究——以北海银滩为例. 海洋地质与第四纪地质,41 (4):36-47.

金兆成,2001. 一体化与可持续发展思辨. 淮阴工学院学报,10 (1):56-59.

赖廷和,何斌源,黄中坚,等,2019. 防城河口湾潮间带大型底栖动物群落结构研究. 热带海洋学报,38 (2):67-77.

黎广钊，梁文，刘敬合，2001. 钦州湾水下动力地貌特征. 地理学与国土研究，17（4）：70-75.

黎广钊，梁文，王欣，等，2017. 北部湾广西海陆交错带地貌格局与演变及其驱动机制. 北京：海洋出版社.

黎良财，Lu D S，张晓丽，等，2015. 基于遥感的 1987—2013 年北部湾海岸线变迁研究. 海洋湖沼通报，（4）：132-142.

黎树式，2009. 钦州市发展生态经济的思考. 安徽农业科学，37（25）：12205-12207.

黎树式，2011a. 建设钦州生态经济港的思考. 价格月刊，（2）：57-59.

黎树式，2011b. 钦州市经济发展与生态建设互动研究. 安徽农业科学，39（22）：13805-13807.

黎树式，2017. 南亚热带独流入海河流水沙变化过程研究. 上海：华东师范大学.

黎树式，戴志军，2014. 我国海岸侵蚀灾害的适应性管理研究. 海洋开发与管理，31（12）：17-21.

黎树式，黄鹄，2018. 近 50 年钦江水沙变化研究. 广西科学，25（4）：409-417.

黎树式，林俊良，2010. 海洋生态经济系统可持续发展初步研究——以钦州湾为例. 安徽农业科学，38（25）：14065-14067.

黎树式，谢璐，2011. 广西北部湾经济区人海关系的协调与可持续发展初步研究. 广西经济管理干部学院学报，（1）：6-9.

黎树式，陆来仙，杨敏华，2010. 钦江流域生态经济协调发展初步研究. 安徽农业科学，38（7）：3671-3672.

黎树式，戴志军，葛振鹏，等，2014a. 北部湾北部生态环境灾害变化研究. 灾害学，29（4）：43-47.

黎树式，黄鹄，戴志军，等，2014b. 广西北部湾"流域–海岸–海湾"环境集成管理研究. 广西社会科学，（12）：55-59.

黎树式，徐书业，梁铭忠，等，2014c. 广西北部湾海洋环境变化及其管理初步研究. 钦州学院学报，29（11）：1-5.

黎树式，黄鹄，戴志军，等，2016a. 广西海岛岸线资源空间分布特征及其利用模式研究. 海洋科学进展，4（3）：437-448.

黎树式，黄鹄，李洋，2016b. 广西北部湾沿海城市碳排放变化研究. 钦州学院学报，31（4）：1-4.

黎树式，戴志军，葛振鹏，等，2017a. 强潮海滩响应威马逊台风作用动力沉积过程研究. 海洋工程，35（3）：89-98.

黎树式，黄鹄，戴志军，2017b. 近 60 年来广西北部湾气候变化及其适应研究. 海洋开发与管理，34（4）：50-55.

黎树式，林俊良，黄鹄，等，2019. 广西海滩侵蚀原因与修复. 北部湾大学学报，34（12）：30-37.

李春初，1997. 论河口体系及其自动调整作用——以华南河流为例. 地理学报，（4）：67-74.

李桂荣，2008. 广西湿地生态学研究. 桂林：广西师范大学.

李海菲, 杨夏玲, 王钰婷, 等, 2022. 北部湾七星岛旅游资源保护与开发初步研究. 海洋开发与管理, 39 (5): 83-87.

李蕾, 聂冠军, 2020. 广西地区地震次生地质灾害类型及分布特征. 灾害学, 35 (3): 118-124.

李里, 1978. 对《中国海岸类型及其特征》一文的几点看法. 海洋科技资料, (1): 21-28.

李秋慧, 罗方强, 吴千文, 等, 2022. 海洋保护行动中的渔民生计因素分析——以合浦儒艮国家级自然保护区为例. 中国渔业经济, 40 (4): 33-43.

梁思奇, 2008. "溢油事件" 敲响北部湾生态警钟. http://news.xinhuanet.com/environment/2008-09/05/content_9799612. Htm. [2013-12-10].

林宝荣, 1985. 广西防城湾全新世海侵及防城河三角洲的演变. 海洋与湖沼, 16 (1): 83-92.

林静柔, 张晓浩, 陈蕾, 等, 2021. 国土空间规划体系下海岸带专项规划的编制重点与策略. 规划师, 37 (23): 7.

林俊良, 黎秋荣, 黄荟霖, 等, 2018. 近十年广西主要入海河流污染物通量变化研究. 钦州学院学报, 33 (10): 8-15.

林香红, 彭星, 李先杰, 2019. 新形势下我国海岸带经济发展特点研究. 海洋经济, 9 (2): 12-19.

林镇坤, 2019. 南流江河口水下三角洲沉积动力特征初探. 厦门: 自然资源部第三海洋研究所.

刘晖, 庄军莲, 陈宪云, 等, 2013. 广西海岛资源开发利用现状和对策. 广西科学院学报, 29 (3): 181-185.

刘纪远, 布和敖斯尔, 2000. 中国土地利用变化现代过程时空特征的研究——基于卫星遥感数据. 第四纪研究, (3): 229-239.

罗亚飞, 黄海军, 严立文, 等, 2015. 基于遥感方法的大风江口悬浮体时空分布及扩散特征研究. 海洋湖沼通报, (3): 14-20.

毛蒋兴, 覃晶, 陈春炳, 等, 2019. 广西北部湾海岸带开发利用与生态格局构建. 规划师, 35 (7): 33-40.

莫珍妮, 曹庆先, 陈圆, 等, 2018. 广西沿海典型海滩海洋垃圾调查研究初探. 化学工程与装备, 258 (7): 299-301.

欧柏清, 1995. 钦江河口开发利用的概况与建议. 广西水利水电, (4): 41-45.

庞衍军, 叶维强, 黎广钊, 1987. 广西新构造运动的一些特征. 广西地质, 6 (1): 49-56.

秦登妹, 黄鹄, 黎树式, 等, 2019. 海滩旅游资源评价研究进展与展望. 钦州学院学报, 34 (3): 7.

曲金良, 1999. 海洋文化概论. 青岛: 中国海洋大学出版社.

冉娟, 董德信, 李谊纯, 等, 2019. 北仑河口潮汐汊道稳定性的环境影响因素分析. 广西科学, 26 (6): 683-689.

沈锡昌, 石岩, 1992. 一种新的世界海岸分类——动力成因分类. 地质科技情报, (3): 35-36.

王宝增, 2010. 旅游景区在线景观视频主动服务系统研究. 北京: 北京邮电大学.

王红亚，吕明辉，2006. 水文学概论. 北京：北京大学出版社.

王日明，戴志军，黄鹄，等，2020. 北部湾大风江与南流江河口红树林空间分布格局研究. 海洋学报，42（12）：54-61.

王树功，周永章，2002. 大城市群（圈）资源环境一体化与区域可持续发展研究——以珠江三角洲城市群为例. 中国人口资源与环境，(3)：54-59.

王颖，1996. 中国海洋地理. 北京：科学出版社.

韦萍，2014. 中华白海豚海洋生态保护的政府行为研究——以钦州市为例. 南宁：广西大学.

吴金勇，2006. 北海海景大道征地困境. 商务周刊，(5)：36-41.

吴小玲，2013. 广西海洋文化资源的类型、特点及开发利用. 广西师范大学学报（哲学社会科学版），216（1）：18-23.

吴小玲，2015. 广西北部湾海洋文化特色及其民俗形态表现. 钦州学院学报，135（3）：7-13.

徐国琼，2003. 广西主要河流泥沙年际变化分析//中国水力发电工程学会. 中国水力发电工程学会水文泥沙专业委员会第四届学术讨论会论文集：205-209.

薛根元，王志福，周丽峰，等，2007. 登陆东南沿海热带气旋的异常特征及其成因研究. 地球物理学报，50（5）：1362-1372.

闫士华，2016. 广西三娘湾中华白海豚（Sousa chinensis Osbeck，1765）的分布和种群数量调查. 济南：山东大学.

杨斌，方怀义，许丽莉，等，2017. 钦州湾水质污染时空变化特征及驱动因素. 海洋环境科学，36（6）：877-883.

杨酉裕，2011. 广西北部湾海洋资源利用现状与开发策略研究. 学术论坛，34（5）：154-158.

杨钰文，卢远，2021. 北部湾沿海流域植被覆盖动态变化及其驱动因素. 科学技术与工程，21（3）：935-940.

叶汝坤，2007. 广西海岸环境脆弱性的特点及成因分析. 国土与自然资源研究，(2)：56-57.

于晓婷，2014. 我国海岸带保护法律制度研究//中国环境资源法学研究会 2014 年年会暨 2014 全国环境资源法学研讨会论文集（第三册）：669-672.

曾杰，2018. 涠洲岛——斜阳岛陆岛导航新建灯桩简析. 珠江水运，(9)：6-7.

曾俊备，2010. 浅谈广西沿海溢油风险源及防治对策//中国航海学会船舶防污染专业委员会. 2010 年船舶防污染学术年会论文集. 北京：人民交通出版社：287-289.

曾洋，周游游，胡宝清，2012. 广西北部湾地区典型土壤肥力研究. 大众科技，14（5）：137-139.

曾昭璇，1963. 广东沿岸海岸地形类型的划分//广东海洋湖沼学会年会论文选集.

张宏科，2013. 广西合浦儒艮国家级自然保护区生物多样性现状及保护对策. 科协论坛：下半月，(10)：2.

张华玉，秦年秀，汪军能，等，2022. 广西海岸带土地利用时空格局及其驱动因子. 水土保持研究，29（3）：367-374.

张开城，2011. 广西北部湾经济区海洋文化建设的思考. 广西社会科学，197（11）：14-17.

张明书，1995. 海岸分类刍议. 海洋地质动态，(8)：6-7.

张庆红，郭春蕊，2008. 热带气旋生成机制的研究进展. 海洋学报，30（4）：1-11.

张少峰，张春华，申友利，2016. 广西涠洲岛海岛旅游业发展现状及对策分析. 海洋开发与管理，33（4）：27-29.

张振克，丁海燕，2004. 近十年来中国大陆沿海地区重大海洋灾害分析. 海洋地质动态，20（7）：25-27.

周放，韩小静，陆舟，等，2005. 南流江河口湿地的鸟类研究. 广西科学，（3）：221-226.

周雄，2011. 北海市海平面变化及其对沿岸的影响. 青岛：中国海洋大学.

朱坚真，2001. 北部湾海洋资源开发与环境保护机理研究. 海洋开发与管理，（2）：56-62.

朱俊华，吴宙，冯炳斌，等，2020. 全球中华鲟资源保护现状与反思. 生物多样性，28（5）：621-629.

Chen B Y, Zheng D M, Yang G, et al., 2009. Distribution and conservation of the Indo-Pacific humpback dolphin in China. Integrative Zoology, 4（2）：240-247.

Chen Y Q, Tang D L, 2011. Remote sensing analysis of impact of typhoon on environment in the sea area south of Hainan Island. Procedia Environmental Sciences, 10（1）：1621-1629.

Dai Z J, Du J Z, Zhang X L, et al., 2011. Variation of riverine material loads and environmental consequences on the Changjiang estuary in recent decades. Environmental Science and Technology, 45（1）：223-227.

Dalrymple R W, Zaitlin B A, Boyd R, 1992. A conceptual model of estuarine sedimentation. Journal of Sedimentary Petrology, 62：1130-1146.

Emanuel K, 2005. Increasing destructiveness of tropical cyclones over the past 30 years. Nature, 436（4）：686-688.

Fairbridge R W, 1980. The estuary：its definition and geodynamic cycle. Chemistry & Biochemistry of Estuaries, 1-135.

Jefferson T A, Smith B D, 2016. Re-assessment of the conservation status of the Indo-Pacific Humpback Dolphin（Sousa chinensis）using the IUCN red list criteria. Advances in Marine Biology, 73：47-77.

Li S S, Dai Z J, Mei X F, et al., 2017. Dramatic variations in water discharge and sediment load from Nanliu River（China）to the Beibu Gulf during 1960s-2013. Quaternary International, 440：12-23.

LOICZ International Project Office, 1999. LOICZ Annual Report 1999. Texel, the Netherlands.

Long C Q, Dai Z J, Wang R M, et al., 2022. Dynamic changes in mangroves of the largest delta in northern Beibu Gulf, China：reasons and causes. Forest Ecology and Management, 504：119855.

Perillo G, 1989. New geodynamic definition of estuaries. Reviews of Geophysics, 31：281-287.

Pritchard D W, 1960. Kinsman's notes on lectures on estuarine oceanography delivered by D. W. Pritchard, Chesapeake Bay Institute and Department of Oceanography. Johns Hopkins University.

Webster P J, Holland G J, Curry J A, et al., 2005. Changes in tropical cyclone number, duration, and intensity in a warming environment. Science, 309（5742）：1844-1846.